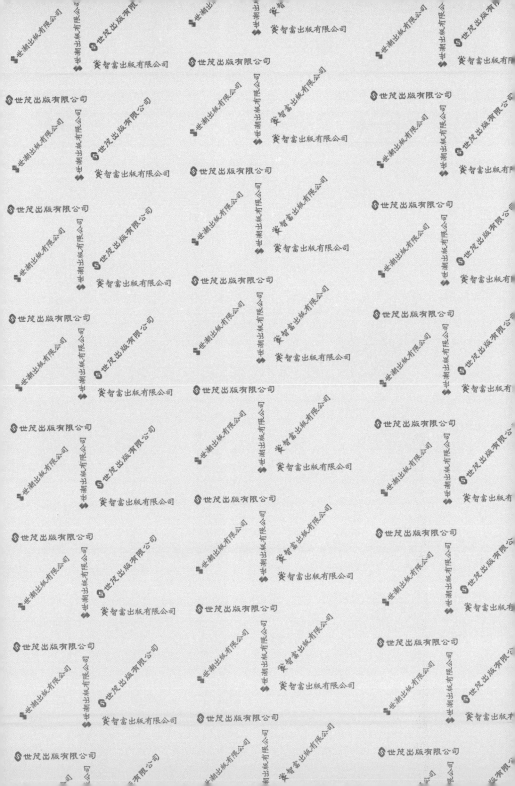

dog 愛犬精選

西施犬
教養小百科

大江眞實●監修　朱建光●審訂

中島眞理●攝影　高淑珍●翻譯

Shih Tzu

序

自從和西施犬一同生活開始，不知不覺已經度過 30 個年頭。回想當年日本並沒有西施犬的犬種標準等相關資訊，JKC 的登錄隻數也只有 20 隻左右。珍奇的西施犬並非在一夕之間大受歡迎，我想牠漸漸贏得人心的理由，應該是牠那活潑、悠適又帶點頑固的個性，加上讓人看了就想笑的「獨特」容顏吧！幼犬期的西施犬彷彿成天嬉戲、睡覺，但到了成犬期，牠卻能充分理解主人的話語，變成一同生活的好搭檔。

雖然西施犬的許多動作，都讓人感到有點笨拙，但牠用心觀察與理解事物的能力，足以讓牠成爲容易教養的犬種。

本書還詳細說明有關西施犬的歷史或特性，希望能讓飼主們徹底了解這種犬種，幸福又快樂地生活在一起。

大江眞實

西施犬
教養小百科

CONTENTS

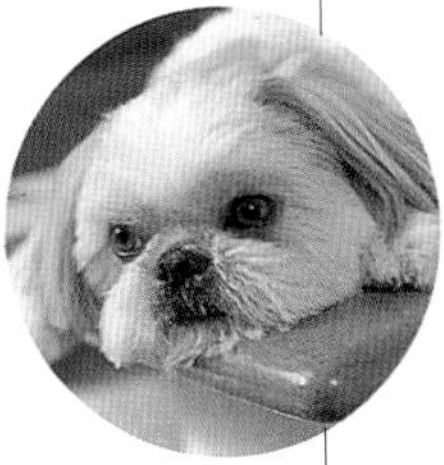

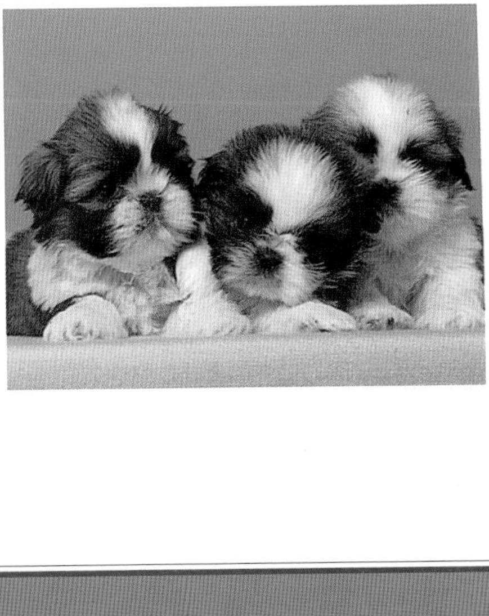

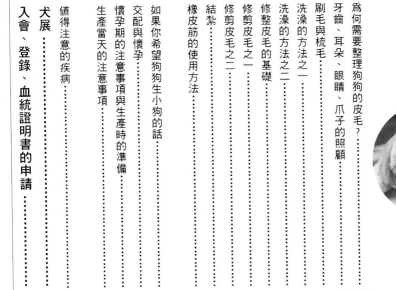

親子

親子頌

我們出生於某一個冬天的早上
一個非常非常寒冷的日子
雖然天氣很冷
媽媽的心卻是充滿喜悅
熱呼呼的 溫暖十足的
小小的雪花宛如可愛的棉花糖
遍野的雛菊爲大地鋪彩新妝
我問媽媽：「妳最喜歡哪個季節？」
媽媽笑著回答：
當春天來臨
可愛的白花在我們耳畔呢喃
我們臉上長出的白毛
看起來就像花瓣一樣的季節……

我們的故鄉在遙遠的地平線彼端
那裡有非常非常廣闊的高原
宛如媽媽黑色眼眸般
深邃潔亮的神秘湖泊
還有滿山滿谷的金鳳花
隨風飛舞的蒲公英
我問媽媽：「妳最想去甚麼地方？」
媽媽笑著回答：
一大片的花田沐浴在溫暖的陽光下
輕飄飄的棉絮
我們尾巴上的毛
可以迎風搖曳的地方……
我們住在人車絡繹不絕的城鎮

一個非常非常熱鬧的地方
雖然有些吵雜
媽媽的心情卻一直都很愉快
我們也不會受到干擾
漂亮的香水草散發迷人的氣息
美麗的玫瑰花展露優雅的姿態
我問媽媽：「妳甚麼時候最開心？」
媽媽笑著回答：
在散步的後徑小道
聞到濃郁的花香味
看到我們愉快地
恣意奔跑的時候……
我希望可以無憂無慮地

親子

一直和大夥玩耍嬉戲
雖然分離是件很難過的事
媽媽還是鼓勵我們快快長大
可愛的越桔急著造訪人間
淺黃的杏子也迫不及待出現了
我問媽媽：「妳最喜歡誰啊？」
媽媽溫柔地回答：
雖說閉上雙眼卻隨時都看得到
等果實成熟了
毛長出來了
以挺胸闊步的姿態
徜徉於大地的你們啊……
啊……開滿野花的春季草原

風是我的好朋友！

最調皮的風兒輕輕吹拂著
雖然想要裝做一個小淑女
但是…美麗的被毛被風吹得亂七八糟
連鬍鬚都吹到臉上了
嗯…吹得眞是舒服呢！
雖然整齊也是一種美感
這種與風共舞的感覺更叫人開心
風是我的好朋友
我喜歡和它一起玩
風是我的好朋友！
啊…開滿野花的春季草原

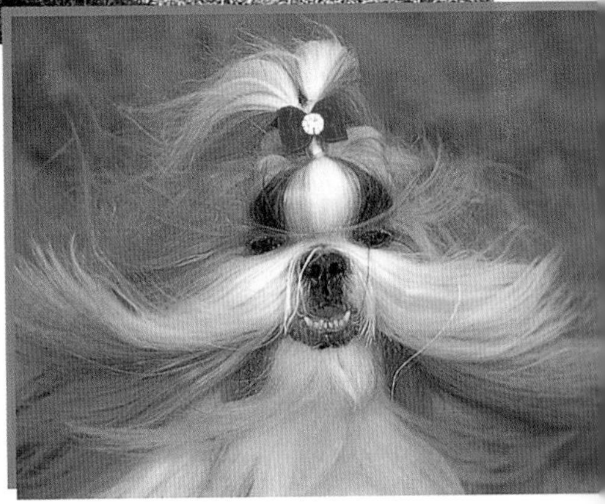

最淘氣的風兒輕輕吹拂著
雖然想要裝做一個小淑女
但是…某種香味撲鼻而來
是淡紅色的紫雲英的香氣
嗯…實在是太香了！
我想在花田裡編織花環
送給我的好朋友
自從與風邂逅以來
我喜歡和它一起玩

了解西施犬

西施犬的魅力

披著一身長毛，姿態顯得十分優雅的西施犬，全身卻散發出如同頑皮孩童的詼諧氣質——這種西施犬獨有的魅力泉源，正是牠最迷人的特點！

貴婦般的優雅與孩童般的淘氣

我們很難用三言兩語說明西施犬的魅力所在，但是牠那俏皮又雍容華貴的容顏，卻是醒目的重點。

西施犬的毛色非常豐富，不論是隱約遮掩眼睛的頭部體毛，或者是那曳地的長毛，都如同穿著華麗長裙的優雅貴婦，但是牠那擺動雙臂的走路姿態，卻散發出讓人看了就想笑的趣味特質。

我想牠那雙間距較寬的渾圓大眼、扁平的鼻子與帶點驕傲感的嘴巴，都是讓人發覷的原因之一吧！

隱藏於開朗個性中的高度自尊心

西施犬的個性十分活潑開朗，而潛藏於這種開朗個性中的高度自尊心，也是西施犬的魅力之一。西施犬的祖先於西藏的寺院中被視爲神聖犬，被

容貌俏麗氣質優雅的西施犬

淘氣的個性也是西施犬的魅力之一

帶入中國以後，牠長期待在宮廷成爲王侯之賞玩犬；或許正是因爲這段歷史，才會將西施犬孕育成充滿強烈自尊心的狗狗吧！

當你看到昂首闊步，顯得精神奕奕的西施犬時，甚至可以感受到一股貴族般的高貴氣息呢！

此外，聰慧活潑感情豐富的西施犬，還頗具有社交性。牠的喜怒哀樂相當明顯，更不吝於展現自己的喜悅；牠只要一開心，就像花蝴蝶般四處奔跑，對每個人傳遞牠的愛意，即使是心情不佳的人，看到牠的樣子也會跟著開朗起來。

很少亂吠適合養在室內的狗狗

西施犬不同於其他小型犬有著結實健壯的骨架，也是不容忽視的魅力重點。雖然牠是長毛種，卻很少掉毛，也沒甚麼體味；再加上牠不會亂叫，喜歡和小孩子玩耍，也沒有亂咬東西的癖好，很適合養在室內。

大大的頭、圓滾滾的眼睛、帶點驕傲感的嘴巴——只要看到西施犬這副容貌，整個心也不知不覺地平靜下來呢！

除此之外，牠那活潑開朗的個性，加上一點點頑固，不會向人諂媚的氣質，也是牠吸引人的地方。

或許這些都是西施犬在日本或歐美各國，一直享有高度人氣的重要因素吧！

西施犬的歷史

有關西施犬的起源，至今仍是個謎。比較可信的說法有兩種，一是牠與原產於西藏的狗狗有很深的淵源，另一是牠乃源自於中國宮廷的犬種。

西藏獻給中國貢品的犬種說

有關西施犬的犬種起源衆說紛紜，至今有許多地方仍是個謎；其中有一說法是，西施犬的祖先原產於西藏。

在以喇嘛教爲國教的西藏宗教中，自古即將獅子視爲具有優異神力的神聖動物，不論是喇嘛或尋常百姓，都非常熱衷培育與獅子相似的犬種。

如此培育出的一種「獅子狗」，正是被稱爲拉薩犬的狗狗；至於這種拉薩犬是否爲西施犬的祖先，目前並不清楚。

因爲西藏與中國在唐朝時（西元六一八～九〇七年）有非常密切的關係，在西藏獻給中國的貢品中，似乎也包括這種獅子狗呢！

這種進貢的習俗一直持續

西施犬的歷史

西曆 1908

傳說在唐朝時代（六一八～九〇七年），西藏當作貢品獻給中國的獅子狗（像獅子一樣的狗狗），爲西施犬的起源。

到了近代的說法是，清朝的順治皇帝（一六四四～一六六一年）曾獲得西藏達賴喇嘛（西藏領袖的尊稱）以此犬作爲贈與。一九〇八年，數代傳承的達賴喇嘛拜訪慈禧太后時的贈品，據說也是這種狗狗。

日本　明治時代　大正時代

有關西施犬的起源眾說紛紜

到清朝末年的一九一二年左右；尤其傳說清朝的慈禧太后十分寵愛這種獅子狗，在紫禁城內大力培育，對今日西施犬的育成具有極大的貢獻。

中國把這種狗稱為「獅子狗」（像獅子一樣的狗狗），後來有人美其名改成「西施犬」。

祖先原本就是中國犬的犬種說

有關西施犬的起源，還有另一種有力的說法；即牠的祖先犬源自於中國，後與西藏進貢的犬種互相交配，成為現在西施犬的育種基礎。

據說這種狗狗早在西元前五百年左右的孔夫子時代就有了，也有人認為牠是西元六二四年，自土耳其輸入的小型犬。不過，還有很多人認為這些狗狗乃現在的北京狗、巴哥或瑪爾濟斯的祖先犬呢！

總而言之，經由這類交配而成的狗狗，在中國宮廷再次被改良成貌似獅子的犬種，完成了今日所見之西施犬的原始

1930

除此之外，還有其他的說法；如西施犬的祖先原來就出自中國，後來和西藏贈與的狗狗互相交配才育成目前的西施犬原型，這也是目前最可信的說法。

另一種說法是，這種狗狗早在西元前五百年左右的孔夫子時代就有了，也有人認為牠是西元六二四年，自土耳其輸入的小型犬，目前這些說法尚無法證實。

一九○八年慈禧太后身故，隨後發動的革命運動推翻了滿清政府，那些被養在宮中的西施犬大多遭到撲殺。少數流落到外國高官手中的西施犬，於一九三○年被帶回英國，成為聞名歐洲的契機。

之後在一九三二年，荷蘭駐北京大使，帶了三隻西施犬前往新的駐點——挪威。翌年，挪威女王將其培殖的幼犬送給英國的約克公爵夫人，使西施犬成為英國王室的新寵兒。

昭和時代

風貌。

在交配的過程中，那些長相比較不討好的狗狗，還是會被帶到市場販售，所以，從那個時候起，尋常百姓應該也會飼養西施犬呢！

一九三〇年初輸入英國

一九〇八年慈禧太后身故，隨後發動的革命運動推翻了滿清政府，那些被養在宮中的西施犬大多遭到撲殺。少數流落到外國高官手中的四隻西施犬，於一九三〇年被馬蒂蓮・哈金斯女士帶回英國，成爲進入英國繁衍的契機。

之後在一九三二年，荷蘭駐北京大使卡夫曼夫婦，帶了三隻西施犬前往新的駐點——挪威。翌年，挪威的瑪烏德女王將這幼犬送給英國的約克公爵夫人（即現在的英國女王伊莉莎白之母后），使西施犬成爲英國王室的新寵兒。

當時英國的玩家，把這種狗狗當作和拉薩犬同一犬種，成立了拉薩・獅子狗俱樂部。後來育犬協會認爲牠不同於拉薩犬，應該是另一種犬種，遂於一九三五年改稱西施犬俱樂部。此後，牠又跟北京狗進行交配，不斷改良出新犬種。

西施犬的名字有像獅子的狗狗之涵義

1935

當時英國把這種狗狗和拉薩犬視爲同一犬種，後來育犬協會認爲牠應該是另一犬種，遂於一九三五年設立了西施犬俱樂部。此後，牠又跟北京狗交配，不斷改良出新犬種。

昭和時代

一九六四年，日本育犬協會初次登錄這種犬種

隨後輸往美國、日本等地

西施犬進入美國的契機是，第二次世界大戰結束後，駐守於英國的美軍將牠帶回國的緣故；當然一開始人們還是把牠跟拉薩犬搞混了，但一九六九年，美國育犬協會正式公認牠爲別的犬種。

日本的育犬協會也在一九六四年，初次登錄這種犬種。一九七二年，日本西施犬俱樂部正式成立，JKC的登錄隻數年年增加，近幾年來，牠更穩居全犬種中，年度登錄隻數的首席寶座。

1940

一九四五年第二次世界大戰結束後，之前駐守於英國的美軍將牠帶回美國，使西施犬在美國也享有盛名，但是人們還是把牠跟拉薩犬搞混了。

1960

一九六四年，日本的育犬協會初次登錄這種犬種。

一九六九年，美國育犬協會認定牠不同於拉薩犬，屬於別的犬種。

1970

一九七二年，日本首次成立西施犬俱樂部。

目前的人氣指數

近年來西施犬在日本的年度登錄隻數持續保持領先，每年的人氣指數歷久不衰。雖說西施犬的體型很小，但牠在美國或英國也一直保有穩定的支持度呢！

持續性的人氣 今後也穩居首位

根據日本育犬協會每年所發表的，各犬種年度登錄隻數來看，過去十年經常保持領先的犬種正是西施犬。

這裡的年度登錄隻數指的是，只計算一年內的犬隻新登錄數。所以，如果把歷年來的登錄隻數合併計算的話，會發現西施犬的登錄隻數遠遠超過其他犬種的登錄隻數。

尚未退燒的 西施犬熱

就如同服飾或裝飾品一樣，日本人養狗往往也是跟著流行趨勢走。

當喜樂蒂牧羊犬成人氣犬種時，許多人都跟上這股熱潮，使牠登上年度登錄隻數的冠軍寶座。繼喜樂蒂牧羊犬之後流行的西伯利亞哈士奇犬，也曾有過輝煌的飼養時期。

但是，從那個時候就一直保持在第二名人氣指數的西施犬（九〇年度一度上升爲第一名），並未隨著喜樂蒂或哈士奇的退燒而失去支持度，目前仍保有一定的人氣指數呢！

在英美等國也深受寵愛

西施犬在美國或英國的人氣指數，雖說還沒達到首位，卻也擁有不少支持者。只要看看九一年度之後的年度登錄隻數排名，即可發現牠在英美等國常保持前十名的前段位置。由此排名的穩定性來看，不得不承認西施犬這種犬種具有輕易擄獲人心的絕佳魅力呢！

COLUMN

歐洲的西施犬和美國的西施犬

歐洲的西施犬

近幾年來，輸入日本的西施犬大都來自美、加兩地，要從歐洲等國輸入似乎比較困難；但是在一九七〇年代左右，從歐洲（幾乎都是英國）和北美輸入的西施犬數量幾乎一樣呢！

目前日本的西施犬近似美國的犬種類型——體型嬌小、可愛。相較之下，歐洲的西施犬骨架比較結實，感覺比較土氣，可說維持了西施犬原有的風貌。

在毛色方面，美國西施犬以宴會色系爲主流，歐洲西施犬則有豐富的毛色。

從歐美西施犬的毛色差異，或許也可以反映出不同國家的民族性。但是，若過於追求體型小又可愛的特質，可能會失去西施犬那悠然自得的首要魅力呢！

所以，西施犬並不是體型小就好，必須依照犬種標準所規定的理想尺寸加以評估吧！

適合西施犬的飼主

適應力良好的西施犬，雖然適合任何人飼養，但是若你想養出一隻更具魅力的狗狗，以下有幾個條件還是要特別注意的。

任何居住環境均能飼養

除了體型嬌小的先天條件外，西施犬眞的很適合養在室內。

因爲牠不會無緣無故地亂叫，沒有甚麼體味，即使和人類生活在一起，一點也不會覺得麻煩。

屬於小型犬的西施犬，十分活潑好動，喜歡在屋裡跑來跑去；但是因牠沒有攻擊的習性，飼主不必擔心牠會亂咬亂叫，讓人覺得心煩不適。

一般來說，短吻種的狗狗都是這樣；但是，西施犬的口吻（口鼻部）很短，叫聲低沉，即使亂叫亂吠，頻率也不會很高，不必擔心妨礙鄰居的安寧。

西施犬除了適合養在室內外，像養在公寓大廈等集合住宅，或有幼兒的家庭飼養時，都不至於碰上太大的問題。

可以帶牠散步清理被毛的人

不過，像西施犬這種體型雖小，卻相當活潑的犬種，還是要每天帶出去散步。沒時間帶出去散步，或者無法每天帶出去散步的人，最好還是不要養。

西施犬的體質強健，很少生病，不過，每天散步能幫助牠的身體消除壓力，讓牠保有

健康的身心。

尤其像西施犬如此愛玩的狗狗，光養在家裡容易讓牠變得任性怯懦，應該多接受外面的刺激，接觸家人以外的其他人群。

西施犬是適合任何人飼養的犬種

再者，西施犬屬於長毛種，爲了美化皮毛保持皮膚的健康，無法每天花時間幫牠打理門面的人，恐怕不適合飼養西施犬呢！

飼主的個性

西施犬適應力良好，適合任何個性的人飼養；但因爲牠需要人每天幫牠刷毛，能一直保有愉快心情幫狗狗刷毛的人，可說是更適合的飼主吧！

西施犬生性聰慧，容易教養；但是也有頑固、喜歡偷懶的小毛病。所以，即使時間很短，飼主也一定要每天訓練牠，而且要有耐性地不斷重複練習。

賞玩犬通常都是撒嬌高手，一旦主人失了分寸就是溺愛，變成依賴性很重的狗狗，接下來就很可能引發各種麻煩與困擾。所以，能在溫柔中保持一定的堅定態度，仍是西施犬飼主的必要條件。

西施犬的毛色

西施犬的毛色衆多，使得那一身曳地的長毛，更添不少迷人的魅力，以下就要介紹西施犬的代表性毛色。

桃花心木&白色

金黃&白色

桃花心木&白色

一般來說，各種血統純正的犬種，都有各自的犬種標準（參考30頁），毛色也有一定的限制。但罕見的是，西施犬的所有毛色均獲得認可呢！

不過，在日本尤其受歡迎的毛色，應該是金黃&白色（雙色毛色被稱爲宴會色系）吧！

這裡所說的金黃色，其實包含了各式各樣的顏色，如紅

紅金黃&白色

銀&白色

黑&白色

金黃色、橙金黃色、桃花心木金黃色、蜂蜜金黃色等色調，那閃耀的金黃色與白色的亮麗對比，更讓西施犬顯得貴氣有魅力。

除此之外，還有漆黑與純白之強烈對比的黑&銀&白色、灰&黑色，只有一種毛色的黑或金黃色（單一毛色被稱爲清一色），或黑色摻入金黃或黃褐色毛的混合色系等毛色。由此可知西施犬的毛色極具變化，實在值得細細玩味。

在美國或日本以宴會色系的西施犬較爲常見，但在歐洲的話，宴會色系或清一色等許多毛色的西施犬都很常見。

犬種標準

每一犬種的犬種標準（STANDARD）都不一樣，專家會根據每一犬種獨特的理想形質加以規範。以下就是西施犬的犬種標準。

何謂犬種標準？

專家針對每一種犬種，從理想的體型或氣質、皮毛、尺寸大小到走路的方式等細節，都有一定的規範，這稱爲「犬種標準」。

不過，這種犬種標準畢竟只是理想，不可能有狗狗完全符合這種標準。但在犬展中，審查員會以這種犬種標準爲基本，爲參賽的狗狗評分。

即使是同一犬種，其犬種標準也會因主辦犬展的團體，多少有些差異；在此以犬隻登錄隻數高居首位的日本育犬協會之犬種標準加以說明。你也可以自己檢查看看愛犬符合哪些犬種標準呢！

培育理想的犬種標準

犬種標準對以繁殖幼犬爲主的繁殖業者來說，其重要性當然不在話下。

像今天被當作家庭犬豢養的狗狗之祖先，不乏牧羊犬、狩獵犬或雪橇犬。如同每一犬種都有合適的角色一般，經過長年累月的改良，才能培育出現在形貌不一的各種犬種。

各犬種的犬種標準，正是以此爲基準加以制定。不僅是上述的工作犬，連原本就被視爲賞玩犬的犬種也不例外。

而許多繁殖業者在不損及承襲自祖先之各犬種的優良形質下，試著培育出更接近犬種標準的理想犬種。所以，每一個犬種標準都非常重要。

各部位的名稱

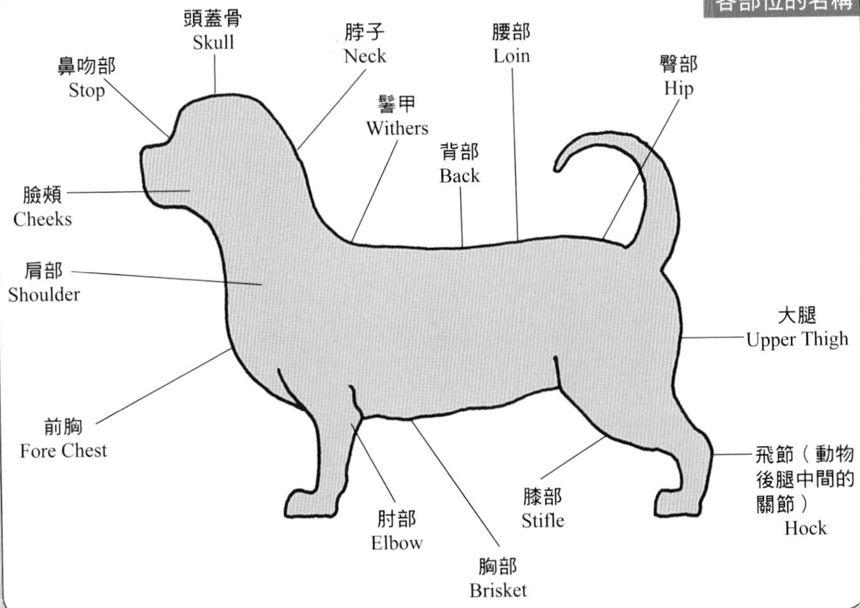

頭 部

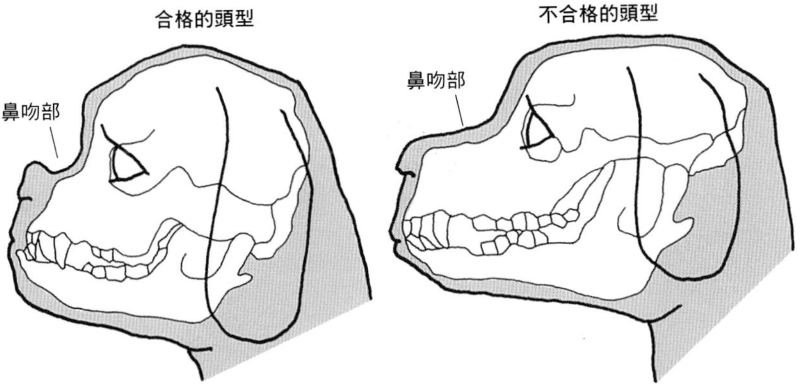

從鼻吻部到後腦的長度，約為鼻子到鼻吻部的四～五倍；鼻子從鼻吻部起緩緩升高傾斜。

鼻吻部過淺，鼻子太長。

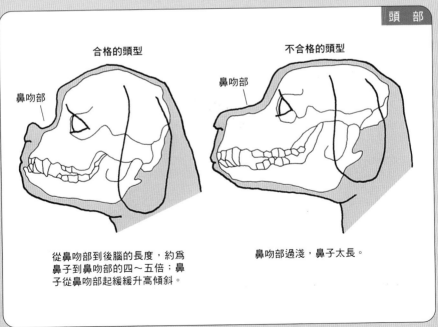

JKC（日本育犬協會）的犬種標準

西施犬原本是被改良成賞玩犬的狗狗。犬種標準中有各式各樣的規範，讓西施犬配合賞玩的目的，發揮牠的魅力與能力。

◆**原產地**

中國

◆**沿革及用途**

一九三四年自拉薩犬分離出的獨立犬種。美國的育犬協會於一九六九年，首次登錄西施犬；日本則於昭和三〇年代末期加以引進。西施犬據說是中國宮廷飼養數百年的北京狗和拉薩犬的混血犬種，因為牠被視為神聖的神之使者，而被稱為「獅子狗」。

一九三〇年，英國的遊客將西施犬自中國帶回歐洲；但因為一般人搞不清楚牠與拉薩犬的區別，而將兩者視為同一犬種。在美國，西施犬與拉薩犬的人氣為伯仲之間，但在英國或日本，西施犬的登錄隻數卻比拉薩犬多，一般都作為賞玩犬或家庭犬。

◆**一般的外觀**

外表像拉薩犬，頭部有長毛覆蓋，甚至連眼和鼻子都被蓋住了。除了全身的長毛外，大耳朵也長滿長毛，並與頸部的毛混在一起。

◆**個性**

個性非常開朗活潑，身手矯健敏捷，自尊心強，喜歡嬉戲。

◆**頭部**

頭蓋骨寬圓，雙眼間距較大，頭部的皮毛從雙眼上方垂向下面。口鼻方短，但如同北京狗般沒有皺褶，平坦多毛。鼻色黑，鼻樑長度約為二·五公分。嘴巴寬，牙齒咬合呈下顎突出型或平咬合型。眼睛又大又圓呈暗色，不能有凸出感。耳朵有長裝飾毛，大大地往下垂。根部位置稍低，垂掛著長長的裝飾毛，並與頸部的毛混在一起。

後肢

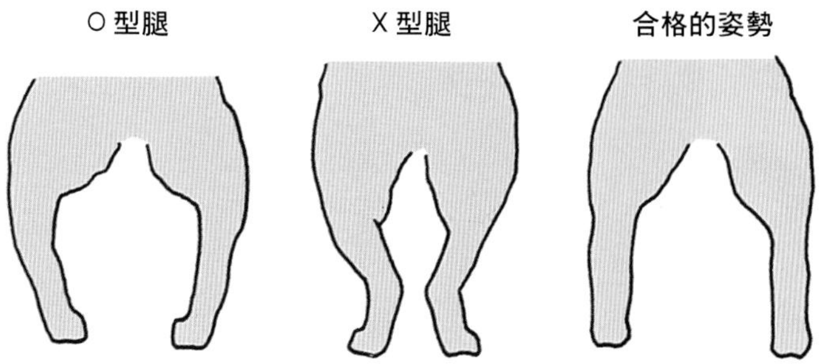

後腳過寬。　後腳呈 X 型。　後腳從腰部以下筆直挺立。

◆頸部

頸部修長，宛如誇示美麗頭部般地挺立著。

◆身體

肩部有力充分傾斜，從鬐甲到尾巴根部的長度，比身高長。腰背部筆直，胸部又寬又深，有長毛覆蓋。肋骨充分展開，腹部結實。

◆尾巴

尾巴根部位置稍高，長滿裝飾毛，覆蓋於背部。

◆四肢

前肢短，骨架粗壯，因四肢毛多，看起來很胖。腳趾緊握，長滿皮毛。腳掌肉墊厚，趾甲堅硬。後肢短，骨架粗壯，從後面看來筆直修長。腿部帶點渾圓感，肌肉結實。腳趾、腳掌肉墊、趾甲約與前肢相同。

◆皮毛與毛色

爲雙層毛；表層毛又長又密，但不能是捲毛。所有的毛色均獲得認可，如是暗紅色皮毛，可以接受淡紅色的眼睛和深紅色的鼻子。

◆走路的樣子

動作十分流暢，感覺有些得意。前肢伸展，後肢踢出，步伐有力，闊步前進彷彿看得見腳底一般。

◆尺寸大小

身高　不論公母，都不得超過27公分。

體重　不論公母，都不得超過8公斤，以4公斤到7公斤最理想。

◆缺陷

不合格　*1.*隱睪症

缺　點　*1.*頭蓋骨過窄　*2.*下顎過薄　*3.*口鼻過尖　*4.*短毛　*5.*上顎突出

JKC的犬種標準

在此以JKC的犬種標準爲基礎，深入淺出地說明西施犬一定要具備的各部位特徵。

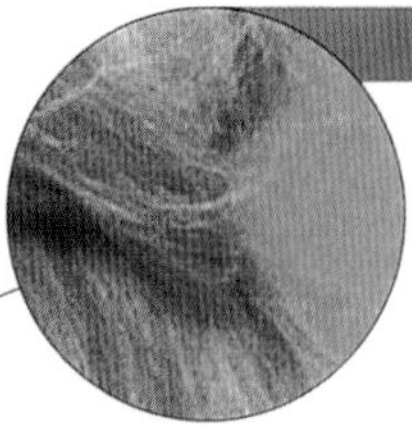

耳朵

耳朵大，根部位置稍低，垂掛著長長的裝飾毛。

尾巴

尾巴根部位置稍高，長滿裝飾毛，覆蓋於背部。

皮毛

爲雙層毛；表層毛又長又密，不能捲曲，所有的毛色均獲得認可。

身體

健壯有力，肩胛骨充分傾斜。從鬐甲（肩部中間的背部隆起）到尾巴根部的長度，比身高長。背線呈水平狀，胸部寬闊，胸底深，肋骨充分展開，腹部結實。

四肢

前肢短，骨架粗狀，肌肉結實。後腳也短，骨架粗壯，從後面看來筆直修長。

眼睛

又大又圓的雙眼間距較大，但不能有凸出感。眼色爲暗色系，如是暗紅色皮毛的話，可以接受淡眼色。

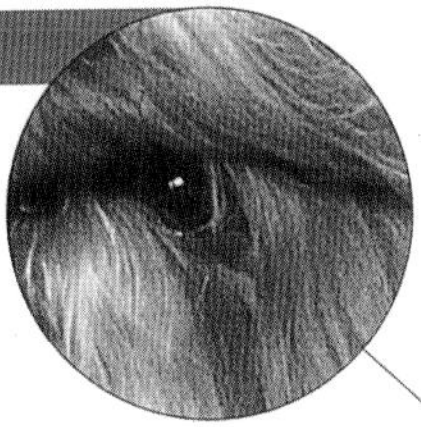

頭部

頭蓋骨又圓又寬，口鼻又方又短。

鼻子

鼻子顏色以黑的爲宜，如皮毛爲暗紅色的話，可以接受深紅色的鼻色，鼻樑長度約爲 2.5 公分。

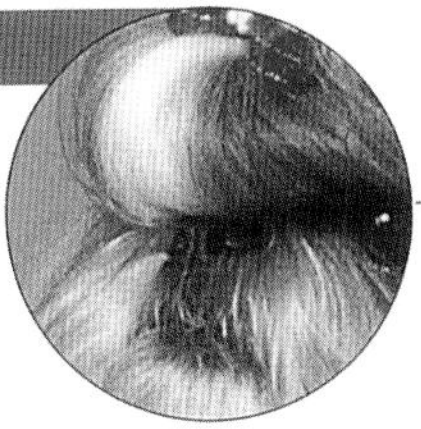

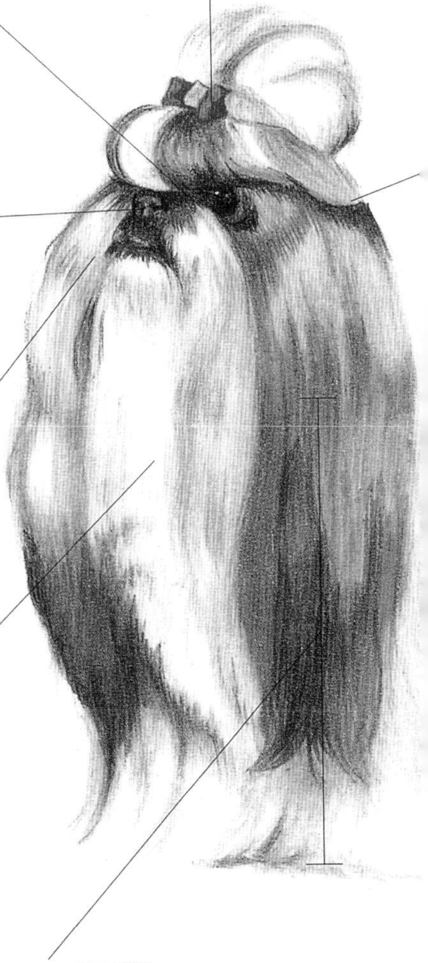

嘴巴

嘴巴寬，牙齒咬合呈下頷突出型或平咬合型。

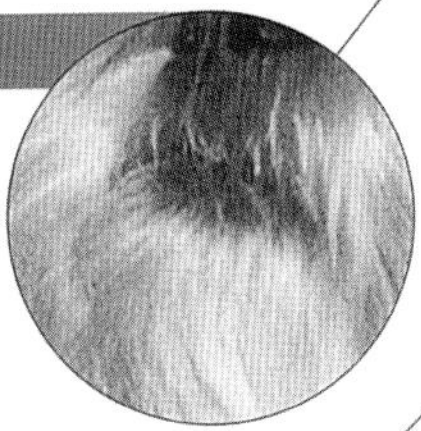

頸部

針對背線保持微微傾斜貌，宛如誇示美麗頭部般地挺立著。

體重

不論公母，體重都不得超過 8 公斤，以 4 公斤到 7 公斤最理想。

尺寸大小

不論公母，身高（從鬐甲垂直於地面的長度）都不得超過 27 公分。

各部位的形狀

各種狗狗除了頭、耳或尾巴必然不同以外，甚至連牙齒的咬合，也依犬種的差異，在身體各部位呈現不同的形狀。以下按照不同類別，圖列代表性的形狀。西施犬各部位屬於哪幾個類型呢?!

頭骨的種類

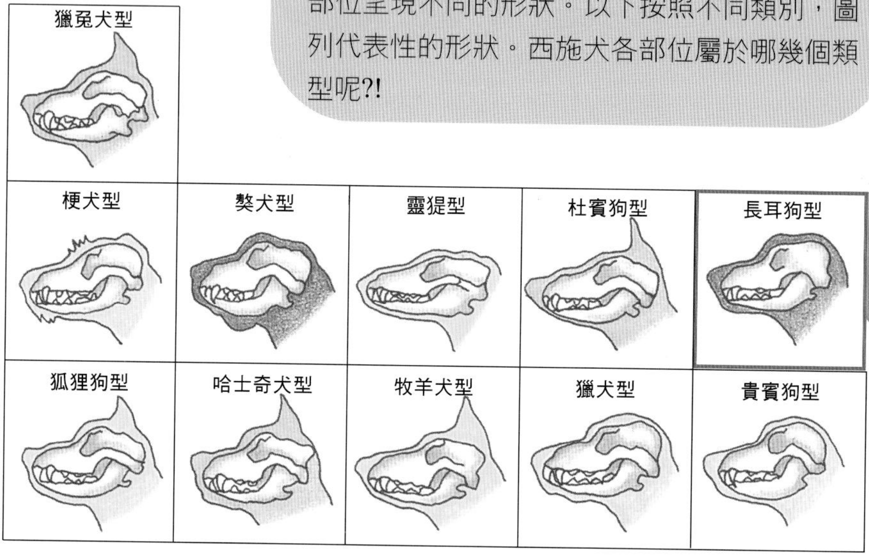

頭骨的形狀

狗狗的頭骨形狀可分爲十一種類型，西施犬屬於長耳狗型，據說與西施犬的誕生具有深刻血緣關係的拉薩犬，也是屬於長耳狗型。

擁有長耳狗型頭骨的狗狗，大多腳短耳大下垂，皮毛厚長，尾巴長滿漂亮的裝飾毛。

尾巴的形狀

西施犬的尾巴屬於渦捲尾，因爲狀似吊掛鍋子的鉤鉤，正確名稱爲鍋鉤尾。這種尾巴雖與牠的基礎犬——拉薩犬的尾巴相似，但是不可以像拉薩犬那麼捲。

西施犬因尾巴的裝飾毛很長，幾乎看不見尾巴，且尾巴不可以平貼於背部。

尾巴的種類

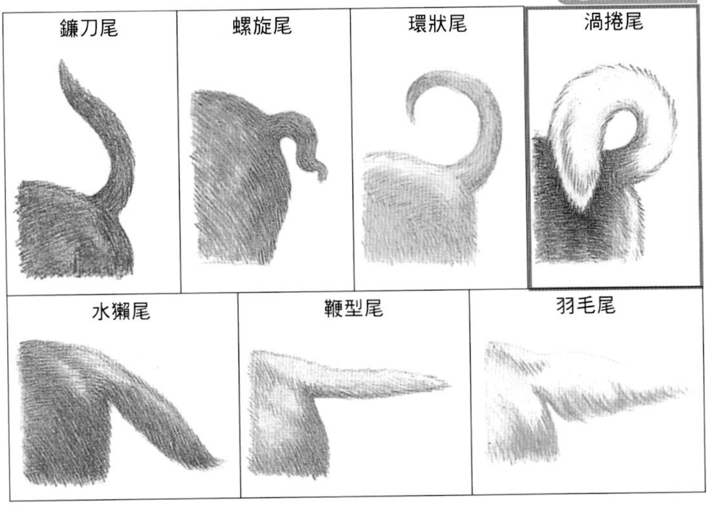

耳朵的種類

耳朵的形狀

西施犬爲大垂耳，耳朵根部位在頭蓋骨的稍下方。

狗狗的耳朵有六種類別。一般來說，下垂耳給人比較不具有攻擊性之感，西施犬也正因爲垂耳，感覺特別可愛。

牙齒咬合

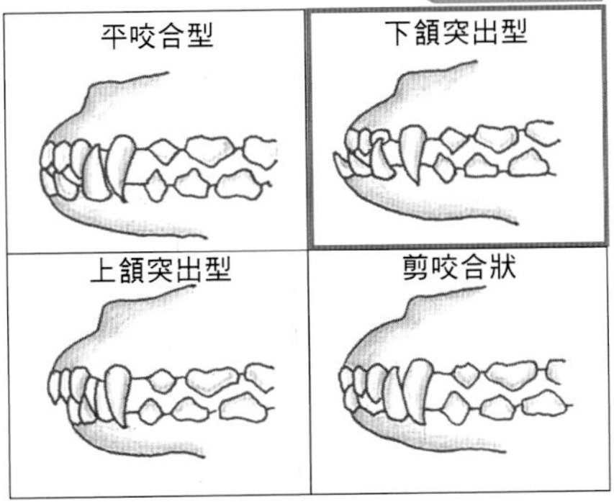

牙齒的咬合

在犬種標準中，西施犬的牙齒咬合可以是下頷突出型（下面的牙齒比上面的牙齒突出，沒有互相咬合），或平咬合型（上下排牙齒如虎頭鉗般緊密咬合），但基本上還是以下頷突出型爲準，但是閉上嘴巴時，絕不可露出牙齒或舌頭。

大家一起來！

不要擠啦！每個人都會照到喔！

雖然幼犬的長相或體型看起來都相當類似，但等二～三週後，會發現每隻狗狗的個性都不太一樣。緊接著又根據狗狗生活的環境與教養的方式，決定牠最終的性格。

等等我啦！人家也
要一起去啦！

咦…這是甚麼？花花？甚麼是花花？

因爲臉部的毛以鼻子爲中心，如花瓣般四處綻放，因此西施犬也被稱爲「菊花臉狗狗」。看到西施犬，心中是否也感受到一股高雅的氣氛呢？

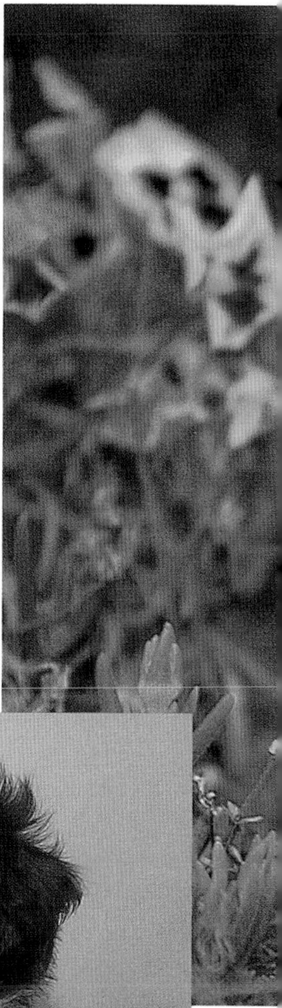

「我們來比一比，先笑的人就輸了…」「又來了！」

HAPPY 快樂

此時的心理與行爲

原本就很好動的西施犬，一高興起來彷彿全身都在跳舞一樣。瞧牠得意地搖搖屁股，腳步輕快有節奏，宛如武功高強的忍者在室內飛奔，又圓又亮的眼睛炯炯有神，從遠處回眸一笑的小臉蛋，煞是可愛。

滿足 SATISFACTION

此時的心理與行爲

把一整盤美味的食物吃光光，眞是好滿足。這時躺下來休息休息，舔舔嘴巴四周，整理整理皮毛，一副「怡然自得」的模樣呢！

隨著呼吸頻率越來越規律，眼睛也半開半闔……這副滿足的樣子，即使是人也覺得很幸福呢！

INTERESTING 興趣

此時的心理與行爲

看到初次遇上的人或物，在深感興趣之餘，也會提高警戒心，動作小心謹慎。眼睛閃亮，頭低下，一點一點接近目標。

一旦確定對方沒有殺傷力，就會放心地聞一聞味道，或用前腳碰碰看。尤其是幼犬，好奇心更是旺盛呢！

興奮

EXCITE

此時的心理與行爲

一旦快樂到了極點……已經不在意周遭的事物。瞧牠使勁地搖著尾巴，當場轉來轉去、跑來跑去，一副好興奮的神情。

只聽到牠鼻子發出喜悅的低鳴，似乎有一些「失態」，不過比起平常的正經八百，這副模樣也很可愛。

服從

OBEY

此時的心理與行爲

西施犬雖然派頭大，卻能確實了解牠和飼主的主從關係。當牠躺下來露出肚子時，彷彿就是告訴別人：「隨便你怎麼撫摸！」展現對飼主的服從心。

當牠挨罵時，低鳴垂尾，以餘光偷窺飼主顯示「歉意」的神情，也是服從的表現。

無聊

DULNESS

此時的心理與行為

當西施犬吃也吃飽了，玩也玩膩了，總是一副「好無聊！」的表情，不斷地在周遭走來走去，要不就把臉埋入前腳裡，顯得有點落寞。

不過一有風吹草動，馬上四處張望，顯示牠的腦袋瓜一刻也停不下來，大概在想下一次要怎麼搗蛋吧?!

寂寞

LONELY

此時的心理與行爲

當全家人都外出，只留西施犬看家時——聰明的西施犬知道這時再怎麼叫都沒有用，只有忍耐一途。

不過大家都不在，只有牠獨坐玄關的身影，看來還眞是寂寞。這副寂寥落寞的神情，足見牠與飼主感情之深厚吧！

此時的心理與行爲

西施犬想找人玩，或者是肚子餓了，就會發出嗯嗯的鼻音跟人撒嬌。此外，當牠猛親飼主的嘴巴傳遞愛意時，也是心有所求的表示。

雖然知道不要過度溺愛牠，但聽到那不斷低鳴的撒嬌聲，很難不心動，這就是所謂的「天下父母心」吧！

FAWN ON

撒嬌、

嬉戲

此時的心理與行爲

得到中意玩具的西施犬，眞是開心極了；只見牠不斷繞著玩具來回逗弄、奔跑，一副快樂的神情，一點也不覺得疲累。

當然，牠深愛的飼主也是最佳的嬉戲搭檔。看牠張開嘴、甩著頭的表情，就知道牠想「嬉戲」的心意，等你一伸出手，牠可就毫不猶豫地撲上來囉！

迎接小狗

何處尋找理想的小狗

選購幼犬最簡便的方法，就是去街上的寵物專賣店洽詢。西施犬屬於人氣犬種，許多寵物專賣店應該都可以找得到，選購時記得多逛幾家。

雖只是買一隻幼犬而已，還是要注意店家是否值得信賴，因爲店家的衛生管理會影響幼犬的健康狀況，買回後的售後服務，也因店家而有所不同。

如果身邊沒有人可以商量，最好在自家附近的寵物專賣店選購。有些店家雖然沒有西施犬，卻可以幫客人訂購；不過，萬一看了又不滿意，總是比較麻煩呢！

說實在地，從一家寵物專賣店眞的可以觀察到好多東西。所以飼主不要急，只要用心尋找，一定可以找到心目中理想的幼犬。

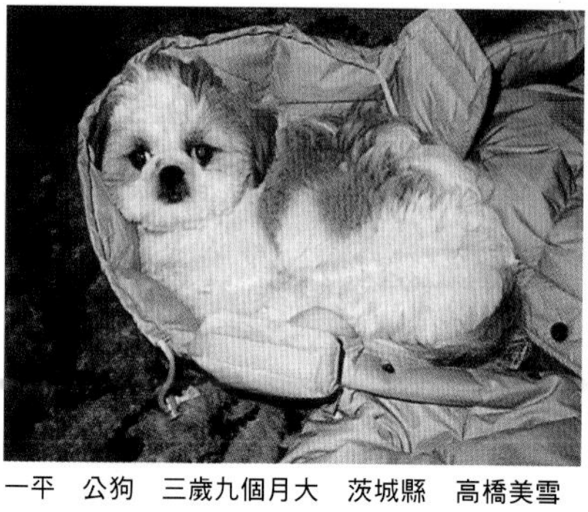

一平　公狗　三歲九個月大　茨城縣　高橋美雪

除了寵物專賣店外，還有購自繁殖業者等等方法。應該充分了解每一隻西施犬的優點或特徵，再加以選購。

繁殖業者指的是，致力於各犬種理想形質，不斷培育繁殖的專業人士。從以商業爲主軸，大規模培育幼犬的犬舍，到基於興趣進行培育的繁殖者，應有盡有。

每個繁殖業者經手的幼犬，大致可分爲與人作伴的寵物犬，或以參展爲目的的展示犬。其中展示犬的身價，遠比寵物犬值錢。飼主可以查閱愛犬雜誌的廣告，或向有關團體查詢專業的繁殖業者。

向繁殖業者選購幼犬的優點是，可以從多隻幼犬中選出最喜歡的；另外，還能看見幼犬的雙親，預想幼犬長大後的模樣。不過，有些繁殖業者把即將出生的幼犬，採預約販售，最好事先問清楚以免向隅。

聞 請教繁殖業者

繁殖業者乃培育各類犬種的專家，從幼犬的選購到飼養方法，應該都可以給人許多寶貴的建議。而且，同一犬種的繁殖業者彼此間都有聯繫，也可以請對方幫你介紹其他優秀的繁殖業者。

其他的管道

除了向寵物專賣店或繁殖業者選購外，也可以翻閱愛犬雜誌的「讓售」專欄或上網查詢。如果不介意有無血統證明書的話，用這些方式比較容易找到喜歡的幼犬。

不過，因爲讓售者不是以此爲職業的養狗專家，最好還是親自確認狗狗的健康狀況，並了解疫苗注射的情形。

也可以事先去附近的動物醫院、各地的流浪狗收留中心，看看是否有失家的西施犬讓人領養。當然，如果你是以純血統的幼犬爲目標的話，這種方法可能不太適合。

不過，領養之前最好先幫狗狗做全身的健康檢查，確定有無傳染病或其他的宿疾。

找到適合自己的幼犬

分辨幼犬好壞的方法

出生兩個月大的幼犬，不論個性或體格都大致成型，最適合選購。

選購幼犬時，除了健康狀況外，個性的好壞也是重點。試著叫狗狗看看，若牠聽到即搖著尾巴靠過來，表示牠具有強烈的好奇心和探索心。接下來抱一抱，看看牠是否會興奮地舔你的臉，或不斷搖尾巴，顯得雀躍不已。反之，如果牠聽到聲音卻縮回去，或不斷狂吠，大多是神經質、膽怯的幼犬呢！

如果現場有好幾隻幼犬，可在一旁觀察牠們嬉戲的樣子，對其他隻狗狗的動作有敏捷反應，行動十分積極的幼犬，才是理想的狗狗。

決定誰是老大的幼犬排行遊戲

1 先舔對方的耳朵

2 再咬對方

3 最後將對方撲倒

看似可愛無邪的幼犬，個性卻五花八門；以下介紹幾個分辨身體健康、個性又好的幼犬之重點。

選購健康的幼犬

仔細觀察幼犬身體各部位，分辨牠是否爲優秀的幼犬。一隻好的幼犬雙眼要炯炯有神，不可積留眼屎；鼻子有適度的濕潤感；嘴巴裡面的黏膜爲漂亮的粉紅色，沒有異味；體毛帶有光澤，肛門周遭乾淨，沒有紅色糜爛的情形。

接下來抱一抱幼犬，如果感覺牠比外觀更具份量的話，表示骨架健壯，四肢富肌肉又粗壯的西施犬，才是合格的。再者，也摸摸背骨或肋骨，若瘦骨嶙峋表示太瘦；若摸不到骨頭，表示過胖。

像這樣身體沒有異常，且元氣十足四處奔跑的話，才能當作健康的幼犬。

如何分辨一隻健康的幼犬

不同季節的飼養方法與注意事項

冬天的飼養方法

原產自寒冷中國的西施犬，是一喜歡寒冬勝過溽夏的犬種。爲了養在室內，必須留意一些事情。

例如，即使開著暖氣的房間很暖和，就寢時若將暖氣關掉，夜裡溫度會急遽下降。所以，睡鋪要鋪上具有保溫功效的毯子或毛巾，並避免選用易起靜電的化纖產品，以棉質浴巾最佳。

像抵抗力較差的幼犬或老狗，可用寵物專用的暖氣墊，幫牠們度過嚴寒的冬夜。

但要注意，暖氣的出風口或電暖器的熱風不要直接對著狗狗吹，以免引起灼傷或燙傷。

天氣一冷，每個人都喜歡窩在家裡，但還是別忘了，每天要帶狗狗出去運動喔！

夏天的飼養方法

鼻吻短的西施犬，特別不耐熱。涼爽的清晨或傍晚，是合宜的運動時間，白天最好讓牠待在冷氣房裡。

每年的五月初夏來臨時，西施犬容易因爲溫差變化感到不舒服，飼主可以打開冷氣，減少溫差感。

除此之外，盛夏需留西施

克利斯　公狗　三歲大　新潟縣　金澤純子

能配合環境的正確飼養方法，才能培育出健康個性佳的狗狗。狗屋、運動或飲食等細節，都要留意。

小桃子　母狗　二歲大　滋賀縣　山本玲子

犬看家時，最好開著冷氣，以免牠因爲室內的熱氣而中暑了，嚴重的話可能會致命呢！

炎熱的夏天也是蝨、蚤類容易滋生的季節；爲狗狗整理皮毛時，需比其他季節更加留意體毛或皮膚的狀況，一旦發現問題要儘早處理。

再者，不論是冬季或夏季，要確實留意昨天和今天、早上和晚上的溫差。也要注意開著冷氣、暖氣或電暖器的室內，能否提供狗狗一個舒適的生活環境。

除此之外，因爲西施犬的活動空間遠比人們更貼近地板，所以，我們感到舒適的溫度，和接近地板的溫度，可能有一段差距喔！

在公寓飼養狗狗的注意事項：

①準備狗籠或狗屋，讓狗狗休息，最好加上欄杆圍起來。

②給予良好的教養，禁止狗狗亂吠，擾亂鄰居安寧。

③每天帶狗狗出去散步紓解壓力，以防運動量不足。

④室內保持清潔，避免蝨、蚤類滋生，並注意室溫的管理。

迎接幼犬到來之前的注意事項之一

檢查室內

能儘情奔跑的地板

幼犬就像剛學會走路，喜歡嬉戲的孩子一樣，會在室內跑來跑去。所以，要儘量避免採用偏滑的地板，增加牠腳部關節的負擔。

如果是榻榻米地板的話，最好鋪層東西，以防幼犬的爪子刮傷地板。

當然也可以鋪上地毯等材質，但顧及狗狗的毛會跟地毯纏在一起，還是選擇比較好清掃的材質，像廚房使用的膠墊地板或軟木塞地板，都是不錯的選擇。

注意電線的安全性

地板或較低的地方，不要放置易碎或會傷害狗狗的物品。電器的電線或插頭，也要做防護處理，以免狗狗觸電。

像牆壁下方的電器插座，也要預防幼犬的腳趾插入。

其他像高級傢俱最好貼上保護材料，比較不會被破壞，有時塗上辣椒，也是個省錢的好方法。

養在室內的注意事項：

①首先要訓練牠不可以亂吠。
②準備適合的狗屋或籠子給狗狗睡覺，可放在家人常活動的起居室一隅。
③讓牠在室內奔跑也算運動，但是帶出去散步可以轉換心情，做做日光浴效果更好。
④要每天打掃室內或狗窩，防止跳蚤或蝨蟲滋生。
⑤注意室內的溫度。

檢查家裡的物品或環境，確定能讓幼犬有個愉快的生活空間，並幫牠準備一個舒適的狗窩。

準備專屬的狗屋

即使是養在室內的狗狗，也需要一個可以安靜吃飯睡覺的特定空間，這稱爲狗屋或狗窩。當狗狗聽得懂「進去狗窩」這個指令後，不管要留牠看家或有客人怕狗時，就方便多了。

狗屋的選擇性很多，可利用市面上既有的商品；爲了考量狗狗成長所需要的空間，最好準備大一點的狗屋或狗窩。

狗屋的放置地點以家人經常出入的起居室一隅最恰當，並要避免陽光直射，或太靠近冷氣的出風口。

迎接幼犬到來之前的注意事項之二

準備便器・狗碗

寵物墊十分方便

狗狗的如廁教養是個非常重要的訓練，從幼犬來到家裡的那天起，就要開始進行如廁訓練，這時可幫狗狗準備一個稍大的便器。

通常狗狗會受到尿味的吸引，而記住如廁的地點；所以，一開始可以把寵物墊沾上尿味吸引牠。再者，如果是公狗的話，在便器那裡立一根柱子，也有不錯的訓練效果。

一定要準備的飲水器

狗狗是一種條件反射強烈的動物，若突然更動牠的狗碗，牠會不肯吃東西。所以，爲了長期使用考量，狗碗的大小或高度都要適當，不容易被狗狗打翻或刮傷。

喝水的話，像狗碗一樣的缽型容器也可以。不過，像西施犬這種下頷突出型的狗狗，要喝個水恐怕整個嘴巴都會濕透。最好準備一個管子朝下的貯水型飲水器，方便西施犬喝水。

波龍　二個月大　大阪府　淺田純子

狗碗和便器都是狗狗日常生活不可或缺的用品。狗狗用的方便與飼主便於清理，是選購時的重點。

其他的生活用品

除了必要的狗屋、便器和狗碗外，還要準備其他的用品。

①整理皮毛的用具

要準備刷子、梳子或剪刀。像長毛種的西施犬，很適合用可將梳子深入毛中的針梳。

②沐浴用品

除了洗毛精、潤絲精和吹乾體毛的吹風機以外，還需要趾甲剪。

③急救箱

可以應付輕微外傷或疾病的急救箱，可準備外傷藥、內服藥、紗布或棉花棒等物品。

④其他物品

如果再加上幼犬適合的牽繩或喜歡的玩具，相信狗狗會更開心。

幼犬的生活用品與重點

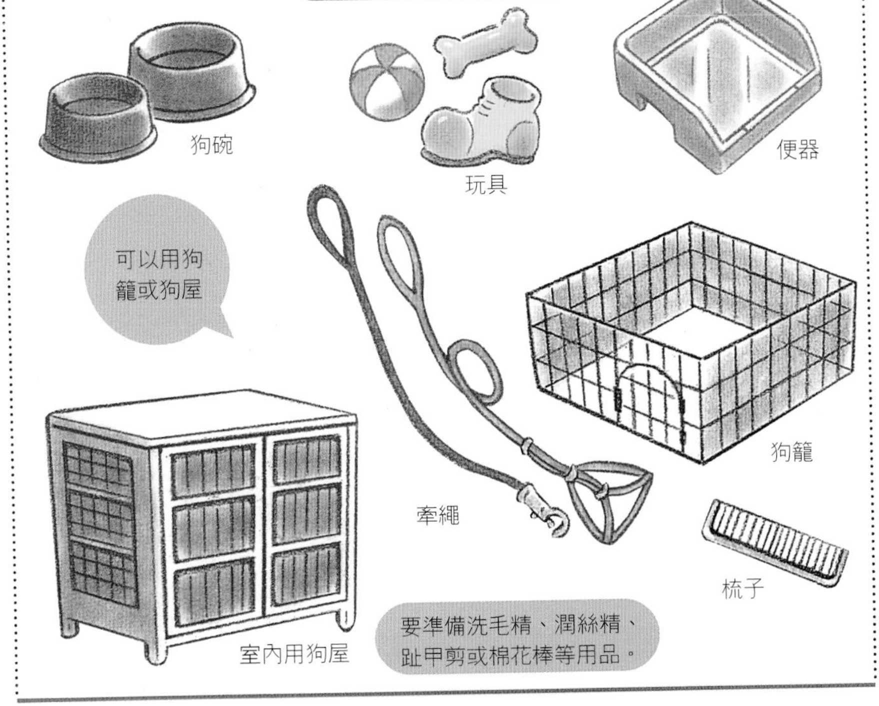

幼犬到來之後的注意事項

帶幼犬回家的注意事項

在中午之前帶牠回家

終於到了要帶小狗回家的日子。對幼犬來說，突然被帶到一個全新的陌生環境，心中是多麼地緊張與不安啊！爲了讓與雙親或手足分開，滿懷不安的幼犬，在這一天儘早適應新環境，最好在中午之前（避免傍晚或天黑時）把牠帶回家。

帶幼犬時，記得向前飼主確認有關幼犬的健康狀態、飲食內容、時間，或有無疫苗注射等等事項。

再者，還要一併取回帶有幼犬或母狗媽媽味道的毛巾，或喜歡的玩具，這對消除牠的不安感很有幫助。

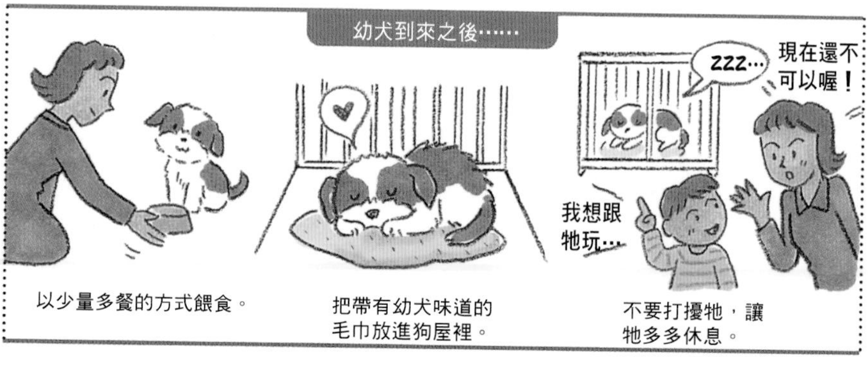

以少量多餐的方式餵食。

把帶有幼犬味道的毛巾放進狗屋裡。

不要打擾牠，讓牠多多休息。

對幼犬來說，長距離的移動或初次來到的地方，都會充滿不安感；以下介紹幾個讓幼犬早日適應新環境的重點。

注意幼犬的暈車問題

帶幼犬往家裡移動的這段期間，牠的心情想必十分緊張。如果是用攜帶型提籃或狗籠，搭電車帶回家時，記得常輕聲對牠說說話，消除牠的不安情緒。

如果是自己開車，可將牠抱出籠子放在膝蓋上，讓牠感受到人的體溫消除不安感。

有些狗狗容易暈車；坐車前三～四小時少量餵食，之後不要再餵牠吃東西。為防途中嘔吐，事先準備報紙和塑膠袋比較安心。

到家後先讓牠休息

幼犬帶回家以後，家裡的成員千萬不要把牠當作新玩具一樣，急著想跟牠玩；應該讓牠好好地休息一晚，去除旅程的疲憊，與對新環境的緊張感。

接下來儘量不要刺激牠的情緒，家裡如有其他的狗狗或貓咪，最好先放別處寄養幾天。

幼犬剛抱回家時，即使因為寂寞於夜間低鳴，飼主也不能抱牠上床一起睡。等過幾天牠習慣了，應該會記住自己睡覺的地方。

為避免一開始餵太多造成下痢，飼主可以少量多餐的方式餵牠，並留意排便的狀況。有些幼犬在適應環境以前，身體的狀況可能比較不順，飼主別著急，繼續觀察牠的情況，再慢慢地增加食物的份量。

帶回幼犬時一定要記住的事：

- **問清楚幼犬的健康狀態或習性**
  先問清楚要如何發現幼犬的異狀，以及早因應；並了解牠有無特殊的習性或癖好，加強溝通的效果。
- **問清楚之前的飲食內容、份量與吃飯時間**
  突然改變狗狗飲食內容或份量的話，容易讓牠的身體出現毛病。最好暫時依照原來的飲食習慣；或者是把原來的食物分成一星期的份量給牠吃。
- **確定有無注射疫苗**
  除了狂犬病之外，還要定期注射傳染病疫苗；且注射過的疫苗種類，應該註記在證明書上。除此之外，還要確定之前使用的洗毛精品牌，避免引起皮膚病。

晶片登錄與疫苗注射

依據動物保護法之寵物登記管理辦法規定，幼犬出生四個月內要做晶片注射及寵物登記，每年要記得固定注射一次狂犬病的預防疫苗。

除此之外，飼主可自行決定要不要注射其他的傳染病疫苗；目前已有多合一的混合疫苗問世十分方便。

絕育手術

如果飼主不打算幫狗狗繁殖育種的話，在牠出生後五～六個月大，可讓牠進行絕育手術。

絕育後的母狗可避開發情期對周遭公狗產生的困擾，也能預防子宮蓄膿症或乳腺腫瘤。一旦沒有生理期的出血現象，母狗更方便養在室內。

手術後的公狗攻擊性變弱，個性也變得比較沉穩。

犬隻的健康管理與基本的疾病預防	
出生後第 25 天	驅蟲
出生後第 40 天	糞便檢查、乳牙及咬合檢查
約 2 個月大	八合一疫苗注射
約 3 個月大	八合一＋萊姆病疫苗注射
約 4 個月大	狂犬病＋八合一＋萊姆病疫苗注射
約 5～6 個月大	絕育手術
1 歲大	八合一＋狂犬病＋萊姆病疫苗注射
7～12 歲大	一年 2 次健康檢查（血檢）
13 歲以上	一年 4 次健康檢查（血檢）

※ DHL 包括犬瘟熱、犬傳染肝炎及犬鉤端螺旋體症等三種混合疫苗。

與西施犬一起生活

新生兒期～離乳期
（出生～30天）

成長過程與注意事項

DATA
誕生 ——→ 30天
體重200g左右 ——→ 1kg左右

充足睡眠快快長大的幼犬期

剛出生的西施幼犬十分可愛，眼睛還閉著，耳朵也聽不到。但從這個時期開始，幼犬的身心都以驚人的速度發展，需要飼主充分的關愛與教導。從出生到牠三十天大爲止，稱爲幼犬期。

剛出生的幼犬即使眼睛看不到，還是能自動找到媽媽的乳頭吸吮乳汁。只要在幼犬出生的十二小時內讓牠吸吮初乳，即可獲取來自母體的免疫抗體，免於傳染病的威脅。

這時飼主要一一登記每隻幼犬的性別與體重，看看是否有早產的幼犬。

當幼犬喝飽了，會乖乖地睡覺；約過一週，臍帶自然乾燥脫落。到了第十天左右，幼犬的體重爲出生時的2倍。

從第十天到兩週左右，幼犬會睜開眼睛，等二～三週大，開始蹣跚學步，耳朵也對聲音出現反應。

幼犬出生後第三週，開始長乳牙；這時牠的身體機能相當於一歲大的幼兒，開始邁向離乳期。

從精神方面來觀察，幼犬也是一點一點地萌芽茁壯，牠們的好奇心越來越強，彼此會嬉戲逗鬧，開始嘗試玩耍的樂這時的西施犬寶寶還處於吃飽睡、睡飽吃的幼犬期；養育一事可交給母狗負責，必要時再插手幫忙。

趣。

到了這個時候，幼犬結束第一個階段，即將踏出獨立自主的第一步。

放手讓母狗照顧幼犬

喝母奶的期間，飼主可放手讓母狗照顧幼犬吸奶或排泄等事情。由於許多幼犬沒有刺激就無法排便或排尿，所以，要靠母狗媽媽舔舐其肛門或尿道口，加以刺激促進排泄，排泄物也由媽媽舔舐乾淨。

幼犬有了足夠的母乳，加上充足的睡眠，母子都會很健康，飼主不必操心，只要在一旁守護即可。

如果發現有吸不到乳汁的幼犬，或乳汁分泌不足的乳頭，飼主再插手幫忙，讓每隻幼犬都能喝到足夠的奶水。

不過，有些「新手媽媽」不會餵奶，也不會照顧幼犬。這時可讓母狗平躺，讓一隻隻的小狗含住媽媽的乳頭，再輕輕地吸吮乳房。並把幼犬的屁股對準母狗的鼻子前面，讓牠舔一舔，促進幼犬排泄。

如果母狗能發揮母性本能的話，飼主根本不必擔心；萬一母狗還是不行的話，只好進行人工哺乳。至於排便或排尿，則於喝完人工奶水後，用紗布或脫脂棉沾些溫水，輕輕刺激幼犬的肛門或尿道口，然後把排泄物擦拭乾淨。

● **體溫與保溫箱溫度的標準**

出生天數	體　溫	保溫箱的溫度
出生後7天之前	34℃左右	32～33℃
出生後14天之前	35～36℃	30℃左右
出生後21天之前	36～37℃	25～26℃左右

幼犬的保溫

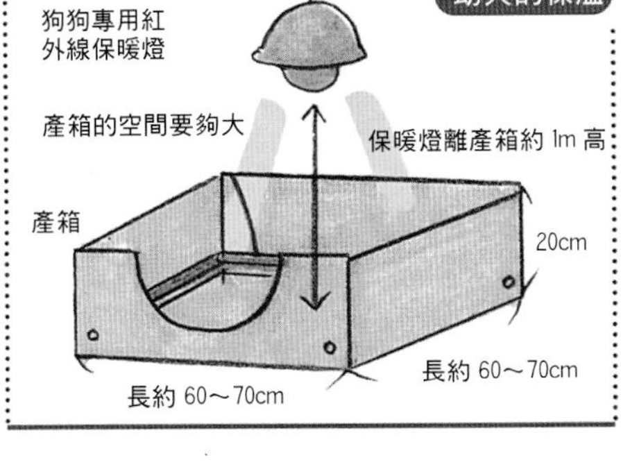

良好的環境與哺乳的方法

幼犬的睡鋪要放在安靜的地方

幼犬幾乎都是吃飽睡、睡飽吃，需要幽靜、沒有人來人往，可以好好休息的睡鋪。且睡鋪的放置地點以飼主可以掌握母狗與幼犬動靜，夏季通風良好，冬季沒有冷空氣侵襲的地點爲宜。

飼主可將幼犬放進鋪上毛巾的厚紙箱當作睡鋪，再放入大狗籠裡面。這裡的大狗籠要夠大，讓幼犬有自由活動的空間，且飼主可以清楚看到裡面的情形。至於寬度，以母狗躺下後，還能空出一半的空間爲佳。

三週大之前的幼犬格外怕冷，要特別注意保溫，可利用狗狗專用的紅外線保暖燈或寵物用保溫墊，保持睡鋪的溫暖。

人工哺乳時的注意事項

在這段期間，飼主要幫幼犬秤體重，確定牠喝到足夠奶水或發育正常。

當母狗奶水不足、品質不佳、幼犬過於瘦弱無法吸奶，或母狗不願餵奶時，都必須進行人工哺乳。

幼犬的保溫十分重要

應該睡得香甜的幼犬，老是嗚嗚低嗚睡不安穩時，可能是睡鋪太冷或喝不飽，要特別注意。

人工哺乳需選用營養完整的幼犬專用奶粉，依照產品的指示，以小型犬專用的奶瓶餵食。如果是剛出生不久的幼犬，最好用人工哺乳專用的注射器和管子比較安全。喝的時候要注意，不要讓奶水從幼犬的鼻子流出來；並留意幼犬的肚子鼓起的樣子，不要喝過量以免消化不良。

即使母狗的奶水不足，還是應該先讓幼犬喝母奶，不夠的再用其他奶水補充，以間隔八小時一天餵三次爲宜。非得全部喝人工奶水的話，一般的餵食標準是，出生五天之前，每隔兩小時餵一次；出生十天之前，每隔四小時餵一次；等到十一天以後，再改成每六小時餵一次。

在睡鋪的保溫方面，幼犬一週大之前控制在32～33℃，兩週大之前控制在30℃，三週大之前控制在25～26℃。由於母狗一生就是好幾隻，飼主要特別注意幼犬的保溫情形，一發現牠們經常低嗚睡不安穩，可能是過冷或太熱，要馬上改善。

人工哺乳所需的用品

人工奶水的餵法

1 以小型犬專用的奶瓶，加入熱水沖泡幼犬專用奶粉，放至溫涼後再餵小狗喝。

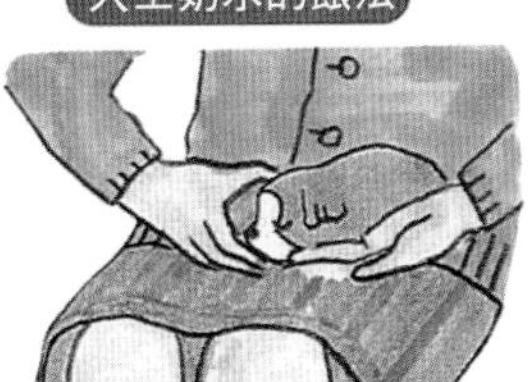

2 把幼犬放在膝蓋上，一手托住牠的下顎，用手指撐起牠的嘴巴。

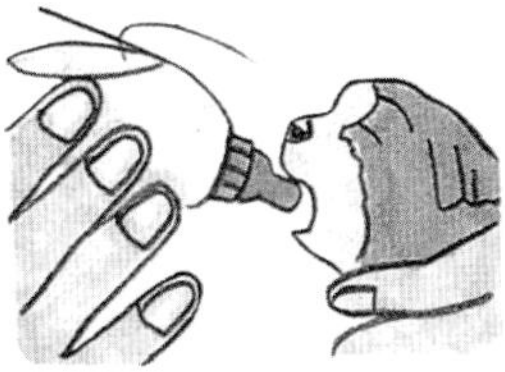

3 另一手把奶瓶放進幼犬的嘴裡，讓牠慢慢吸奶。

斷奶的方法

正確的離乳方法

幼犬出生二十天以後，差不多可以進入離乳期，期間持續兩至三週左右。

就斷奶的準備動作來說，可將一茶匙的幼犬專用奶粉放在小碟子裡，讓幼犬舔舔看，嚐試母奶之外的食物，或學習從狗碗吃東西。

正式進入離乳期後，一開始先餵少一點，仍以母奶或人工奶水爲主，再逐漸增加餵食的份量，這時要格外注意幼犬的飲食方式或排便狀況。

首先先餵幾天剁得很碎的生牛肉，觀察幼犬的接受度。

接下來將幼犬專用的狗糧片或牛肉、雞胸肉、蛋黃等等，混入奶粉中拌成粥狀餵食。

過了二十八天以後，餵食用奶水或開水中拌軟的專用狗糧，偶爾也給牠幾顆乾狗糧嚼一嚼。

大約到了三十五天，幼犬應該可以直接吃乾狗糧，不過有時還是要加些奶水拌軟一些。

斷奶食品的實例

將市面上的狗糧加入奶粉拌成粥狀即可，也可以再加一些磨碎的半熟蛋等副食品，每隻幼犬分食一小盤。

初次碰上斷奶食品，有些幼犬很快就會接受，但也有的不肯吃；飼主應該留意幼犬的接受度，幫牠早日斷奶成功。

斷奶食品的作法

●出生後約35天的斷奶食品

已經會吃堅硬的狗糧，不過不能光吃這個。

早上空腹時，可讓牠吃一些用白開水泡軟的狗糧。

睡覺前喝些奶水增加飽足感，有助睡眠。

●出生後約28天的斷奶食品

準備幼犬狗糧片 30g、開水 12g 和幼犬專用奶粉。

狗糧與開水拌勻，再加些奶水拌成粥狀。

起先用指尖挖給牠吃，等習慣後倒在淺盤上餵食。

●出生後約20天的斷奶食品

準備牛肉和雞胸肉 15g、幼犬專用奶粉 6g。

將肉充分剁碎，再加入奶水。

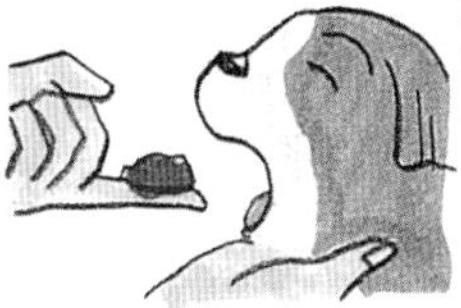

充分攪拌後，用指尖一點一點直接餵食。

幼犬和母狗分開的最佳方法

離乳期可說是幼犬脫離母狗自立的準備期。

這時的幼犬已經可以自己排便或排尿，還能被帶到固定的地點上廁所，所以，排泄物的清理不再是母狗的事，而是飼主的工作。

從出生三十天左右，偶爾把小狗帶離母狗的身邊，再慢慢加長母子分離的時間；一段日子後，只有晚上讓牠們睡在一起，這樣才是讓母子自然分離的好方法。

若是無預警地把幼犬帶離母狗的身邊，會傷害幼犬的心靈，甚至讓牠喪失西施犬原有的溫馴開朗的個性。

這時期的幼犬凡事都笨手笨腳，很需要飼主耐心地指導與教養。

幼年期

（30～90天）

成長過程與注意事項

能吃能玩的幼犬期

幼犬出生的三十～九十天期間，相當於人類的一歲半～五歲大左右，可說是十分討人喜歡的幼犬時代。

幼犬五週大之後，體重顯著增加，皮毛也逐漸長齊變漂亮。這時牠們的遊戲時間變長，愛咬愛抓周遭的東西，可以給牠一些適合的玩具。

DATA

30天 ——→ 90天

體重1kg左右 ——→ 2.5kg左右

幼犬到了六～八週左右，乳牙全部長齊爲二十八根；到了七～八週，結束離乳期。

等牠到了五十天大，體力日漸充沛，或跑或跳十分活潑好動。這時期的幼犬對外在事物充滿好奇心，情感的表現日漸沉穩，開始對所屬的社會或同儕間產生自覺，所以會對其他的人萌生戒心，狂吠陌生人。這時來自母體的免疫能力逐漸消失，幼犬必須注射疫苗預防傳染病。

如果飼育過程順利，這時的幼犬應該可以脫離母狗自行吃睡或排泄。除了母狗之外，也該準備和其他的手足分開了。

這時期的幼犬萌生社會性，不久將成爲人類家族的新成員，飼主應該幫牠儘早適應新生活。

迎接幼犬成爲家庭的新成員

對幼犬來說，一～兩個月大期間，正是順利適應人類社會的關鍵期，飼主一定要發揮充分的耐心與愛心，幫狗狗早日適應新環境。

兩個月大的幼犬，骨骼等發育都日漸成熟，身體外型也逐漸明朗。

這時的幼犬會與母狗或其他手足分開，進入人類社會成爲家裡的新成員。

有些狗狗會因環境改變暫時失去食慾或不想運動，這都有賴新飼主耐心安撫牠不安的情緒，幫牠早日適應新的生活。

養狗的基本認知

養狗時，千萬不能造成別人或社會的困擾，飼主要有一定的基本認知。

①不要讓狗狗莫名其妙地亂吠，以免造成附近鄰居的困擾。

②隨時保持狗狗的清潔，身上的體味或掉到四處的狗毛，可能會引起鄰居的抱怨。

③外出散步時一定要幫狗狗繫上牽繩，並把狗狗的排泄物清理乾淨。

即使是小狗狗，別忘了這個世界上還是有許多人怕狗或討厭狗狗。

如廁和飲食教養要早些進行

從幼犬的智能比較發達的兩個月大以後，爲正式教養的時期；但像如廁或飲食等教養可以早一點進行。

當狗狗邊聞氣味邊在屋子裡兜圈的時候，爲想要尿尿或便便的訊息，應即刻帶去如廁地點；同時也要讓牠習慣在固定的場所，以同一個狗碗進食。

狗狗是十分好奇的動物，飼主要小心意外事故的發生，可留意其睡鋪四周或遊戲地點有無鈕扣、迴紋針等，可能造成誤食的東西，或容易割傷的玻璃製品，像電線這類物品也要收好，以免狗狗發生誤觸的意外。

再者，如果狗狗進入不該去的地方，應以簡短有力的語氣斥責牠：「不可以！」，並要求牠牢牢記住。

睡鋪周遭的危險物品

像迴紋針、橡皮筋或香煙等，都是危險物品。

健康管理與運動

疫苗注射與寵物晶片

當幼犬成爲家裡的新成員後，爲了牠的健康著想，飼主有幾個地方一定要特別注意。

首先等幼犬來了四、五天後，若之前曾注射疫苗的話，帶去找獸醫做一次完整的健康檢查；必要時可驅除腸內的寄生蟲，一個月做一次糞便篩檢。

幼犬出生時自母狗之初乳獲得的免疫抗體，大約可以維持兩個月左右。幼犬一旦失去這種免疫能力，也會失去對疾病的抵抗力。

所以，爲防止狗狗得到犬瘟熱或犬傳染性肝炎等可怕的疾病，應該請教獸醫定期注射多種混合疫苗。

雖說法律上並未強制規定，飼主要帶狗狗注射這些多合一疫苗，卻有明文規定，飼主需帶狗狗接受狂犬病疫苗注射的義務。

此外，依據動物保護法的規定，飼養寵物民衆應爲愛犬植入寵物晶片，否則會被處以罰鍰。

●狂犬病疫苗注射與晶片植入費用

	已絕育犬貓	未絕育犬貓
寵物登記費	1000 元	500 元
晶片植入費	300 元	300 元
狂犬病疫苗	200 元	200 元
TOTAL	1500 元	1000 元

※上述收費請參考農委會公定的價格。

在幼犬周遭環境產生巨大變動的時期，要留意其健康管理，多帶牠見識外面的世界，讓牠習慣別人的接觸或車輛的吵雜聲。

讓幼犬覺得很安心

幼犬時代是人和狗狗培養信賴關係的關鍵期，如果這時飼主動不動就責罵狗狗、任意抓牠前腳粗暴相待的話，會使幼犬畏懼與人接觸，變得多疑、膽怯。所以，要對狗狗溫柔以待，讓牠在家裡覺得很有安全感。

抱狗狗的時候，方法要正確。先用一手托住狗狗的屁股和後腳，另一隻手從狗狗的前腳扶著身體呈直立狀，讓狗狗依偎在胸前。

家裡如有小朋友，也要告誡孩子不要把狗狗當作玩具，用力拉扯牠的四肢，或把牠甩來甩去，應該給牠適度的尊重。

在室內儘情嬉戲

幼犬生性活潑好動，這時的嬉戲就像是運動。等牠五十天大以後，提供一些安全玩具，陪牠一起在室內玩耍。記得定期修剪牠腳底的毛，以免過長滑跤，趾甲也要剪短一些。

除了室內活動外，別忘了讓牠做做短時間的日光浴。平常應避免陽光直射，可在日照充足的室內，或有樹蔭的戶外嬉戲。

雖說早一點帶牠出去散步，有助於牠變換心情；但在注射的疫苗尚未於體內形成抗體的四～五個月大期間，還是在家裡玩就好不宜外出。

正確抱住小狗的方法

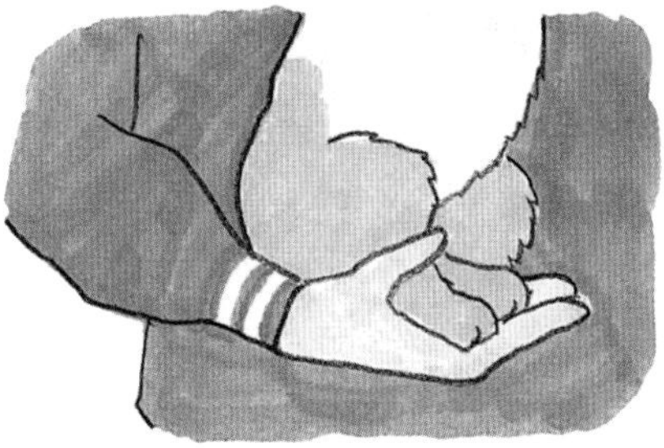

用一手托住狗狗的屁股和後腳。

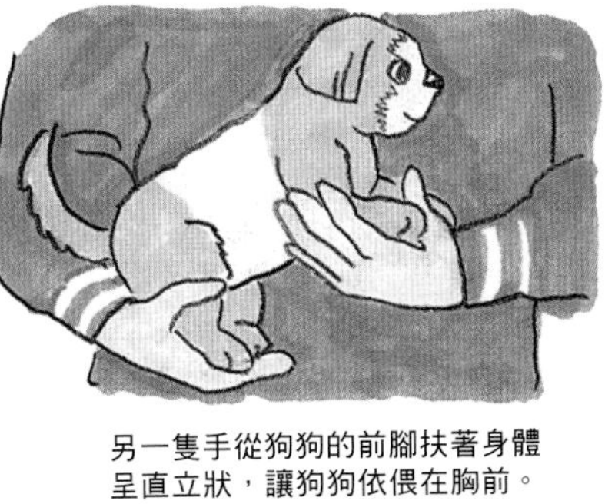

另一隻手從狗狗的前腳扶著身體呈直立狀，讓狗狗依偎在胸前。

正確的飲食方法

●一天的餵食次數與份量

餵食時間	30天～90天
早上7點左右	◎
中午左右	◎
下午5點左右	◎
晚上10點左右	◎
	◎表示平常的份量。 ○表示比平常少一些的份量。 △表示不餵也無妨；餵的話份量要最少。

結束離乳期轉爲幼犬食品

這時期的幼犬愛玩又愛吃，發育十分迅速。

等牠四十五天大以後，大致上已經可以直接吃乾飼料，但吃完還是可以餵一些牛奶，並記得多讓牠喝一些新鮮的水喔！

等牠五十天大左右完成斷奶，可以開始吃一般的食物。

這時期的幼犬身子小，胃容量也小，若吃太多會引起消化不良，所以，用餐次數以一天四次爲宜。如同上面的表格，將一天的份量選在早上七點、中午、下午五點和晚上十點左右餵食。

由於這時的飲食內容波動較大，可留意狗狗吃飯的情形或大便的樣子，適時增減份量。

狗狗結束離乳期，轉爲幼犬的飲食類型，可以開始用狗糧當作主食。

要攝取均衡的營養

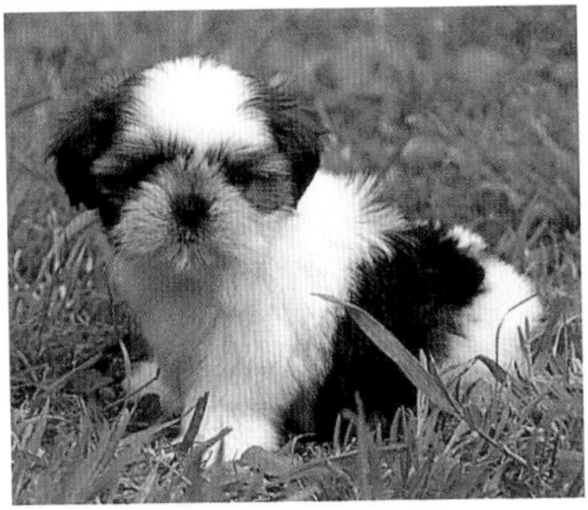

幼犬的飲食要以動物性蛋白質或脂肪爲主，攝取營養價值高且均衡的食物。

若以均衡營養來考量，專爲狗狗生產的優質狗糧爲上上之選呢！

狗狗的飲食習慣於幼犬期形成；從離乳期以後六個月之間的飲食，成爲一生的食物。

如果決定用狗糧飼養的話，這時就要讓牠習慣吃狗糧。

如果想親手調製狗食的話，要以肉類等動物性蛋白質爲主，餵以高熱量食品；像半熟的蛋黃、奶油或起司等食物，也是很好的選擇。

兩～三個月大的幼犬，牙齒或下顎的發展還不夠成熟，像生牛肉、煮熟的雞胸肉或豬肝等等，最好剁碎再餵牠吃。

也可以用點開水或高湯將狗糧泡軟，加一些調理過的肉類、蛋或起司拌勻，也是美味又營養的一餐。

除此之外，記得適量補充市面上的鈣片或維他命藥劑。

至於幼犬專用奶粉，可配合成長慢慢換成一般的牛奶。

要更動飲食的內容時

逐漸增加新食物的份量。

先在原來的食物裡加一些想要更換的新食物。

少年期

（90天～6個月）

成長過程與注意事項

DATA

90天 → 9個

體重2.5kg左右 → 4kg左右

到9個月大左右保持一定的體型大小

迅速生長的少年時期

出生後三～六個月大的幼犬，若以人類來看，相當於發育迅速的少年少女期。不管是身體外型或心理意識，都有驚人的發展，堪稱是狗狗一生中最重要的時期。

四個月左右，幼犬的乳牙開始脫落換爲恆牙；在四～六個月期間，長出四十二顆恆牙。在這段換牙期，大概因爲牙床會癢，幼犬甚麼東西都想咬一咬。

出生三個月大的西施幼犬，臉部的毛以黑色的鼻子爲中心，如同菊花的花瓣般向四周擴散，故牠也被稱爲「菊花臉狗狗」。

除此之外，這時期幼犬的精神層面也出現重大的變化。三個月大之後的幼犬，對周遭環境的改變會感到畏懼。

牠們對地盤產生濃厚的自我意識，對陌生的人或動物，也出現極大的好奇心。

就以人類的好伴侶來說，這時期最適合教養幼犬認識人類社會的常規。教養時，不管是斥責或讚美都要很明確、有耐心，對狗狗表現足夠的關愛。

從這時期到牠五個月大之

這是建立身體基礎，學習人類社會常規的重要時期，也是左右狗狗未來發展最關鍵的時期。

間，與人類家族的關係逐漸穩固成熟。

西施犬個性聰慧開朗，善解人意，只要多跟牠溝通、接觸，加上充足的運動量，牠就能和人類建立良好的信賴關係。

這時期的幼犬需要飼主多加關注

需要充分運動的時期

二～四個月左右的幼犬，可以在室內或庭院玩耍，等牠過了五個月大，再慢慢帶出去運動（散步）。

因爲西施犬屬於小型室內犬，很多人都認爲牠只要在室內或庭院充分活動就有足夠的運動量了。事實上，幼犬若沒有機會外出接觸人群，容易積存壓力，變得膽怯多疑。

爲狗狗戴上項圈時，小心別傷了牠的皮毛；並確定牠習慣戴項圈之後，再帶出門。散步時，讓狗狗走在飼主的左側，並以一定的速度，配合人的步伐前進。行進間不要猛力拉扯狗狗的牽繩，也要留意不要讓牠撲到別人的身上。

等散完步回家後，先幫牠刷刷毛或梳梳毛，清除身上的灰塵或污垢，以免傷了皮毛。

西施犬別名「菊花臉狗狗」

西施犬因爲白色的體毛以鼻子爲中心，如菊花的花瓣般像四周展開，故也被稱爲「菊花臉狗狗」。

這副可愛的模樣當然是牠的魅力之一，不過，若不即時修剪的話，毛會刺入眼睛。所以，可將鼻子上方的毛紮在眼睛上面，兩頰的毛分別紮在左右兩側。

正確的飲食方法

養成正確的飲食習慣

在這個發育迅速的階段，正是左右狗狗一生的重要時期。所以，飼主對狗狗的飲食生活一定要格外用心，才能飼育出活潑健康的幼犬。

西施犬體型雖小，卻給人結實，深具份量之感。而不偏食、營養均衡的規律飲食，才是構築健康身心的基礎。

因爲西施犬幾乎都是和人類一起生活的室內犬，更需要教導正確的飲食常規和禮儀。每天吃飯的時間和場所都要固定；等幼犬3個月大以後，胃容量逐漸變大，一天的飲食可分爲早、午、晚三次餵食。

等牠吃完，馬上將狗碗收拾乾淨，讓牠明白用餐已告一段落，並幫牠把嘴巴擦乾淨。

如果牠還沒吃完卻開始玩起來，也要馬上把狗碗收起來；這是爲了避免狗狗養成邊吃邊玩的壞習慣，也是爲了保持環境的衛生。

這時的幼犬似乎很喜歡咬東西，不妨給牠一些牛骨或狗狗專用的強化牙齒玩具，訓練牠的牙齒或下顎。

●一天的餵食次數與份量

餵食時間	30天～90天
早上7點左右	◎
中午左右	◎
下午5點左右	◎
晚上10點左右	
	◎表示平常的份量。 ○表示比平常少一些的份量。 △表示不餵也無妨；餵的話份量要最少。

狗狗不能吃的食物

在人類常吃的食物中，有些並不適合狗狗食用。例如，洋蔥吃多了，狗狗會中毒，引飼主應該選擇優良的狗糧，幫幼犬養成正確的飲食習慣，才能孕育出健康的身心。

如何讓狗狗養成良好的飲食習慣

1. 良好飲食習慣的首要重點是，固定於同一時間、同一地點、以相同的狗碗餵食固定的份量。
2. 讓狗狗養成 20 分鐘內吃完的習慣；一旦發現牠邊吃邊玩，即刻收拾狗碗。
3. 不要讓牠養成偏食的習慣，即使狗狗吃膩了原來的食物，也不要任意變更或只餵牠吃喜歡的東西。
4. 最好不要餵牠吃零食，必要的話在固定的時間餵少一點。

起血尿、下痢、黃疸等症狀。

而像花枝、章魚或蝦子等海鮮，容易引發消化不良或嘔吐；又硬又尖銳的雞骨頭或魚骨頭，會刺傷狗狗的消化器官，都不宜食用。

其他如辣椒或胡椒粉等辛辣調味料，會刺激狗狗的胃壁，增加內臟的負擔；鹽分過多的食品也要注意。

除了人類的食物可能過鹹外，糖果點心也是讓狗狗發福的因素。一旦狗狗養成吃人類食物的習慣，不管是餐桌上的食物或請客用的佳餚，都可能成爲牠「進攻的目標」，飼主要特別留意喔！

注意狗碗和飲水量

西施犬鼻子扁塌，適合使用淺盤狀的不銹鋼狗碗，比較穩固；如果選擇質輕的狗碗，容易被牠的前腳踩翻，養成撿地上東西吃的壞習慣。

在飲水方面，圓盤狀飲水器容易弄濕弄髒牠嘴巴四周的毛，除非飼主每次都願意幫牠擦嘴巴，否則還是準備一種可以掛起來，狗狗一舔水就緩緩流出的自動飲水器比較恰當。

狗狗不能吃的食物

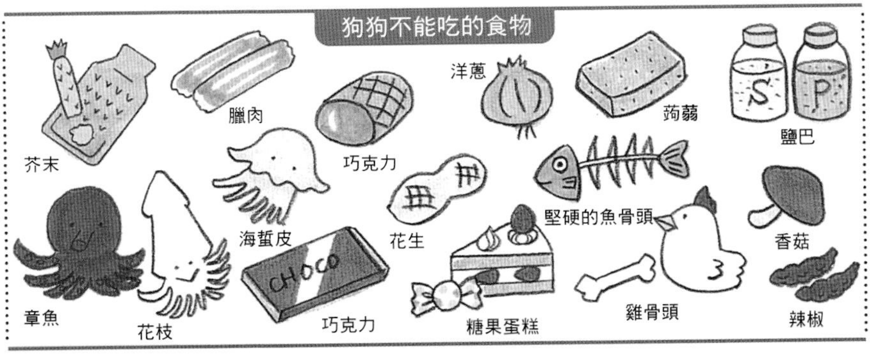

身體必備的營養成分

狗狗需要的營養素

營養素爲動物身體發育或維持健康所不可或缺的物質。如同對人類的重要性一樣，蛋白質、脂肪與碳水化合物這三大營養素，對狗狗也十分重要。除此之外，維他命或礦物質，以及水分也都缺一不可。

不過要注意的是，人類和狗狗對這些主要營養素的需求量，有著極大的差異。

狗擁有堅固的牙齒、下顎和一個大胃袋，屬於標準的肉食動物。雖然牠經過長期的馴化，幾乎融入人類的生活，但飲食的本質並沒有改變。

再者，狗狗的發育期間比人類短，每種營養素的均衡方式，和人類有顯著的不同。

爲了幼犬的健全發育，飼主一定要了解狗狗需要的營養成分、功能與餵食方法。

●蛋白質

對狗狗來說，蛋白質是最重要的營養成分，而且這裡指的是動物性蛋白質喔！

狗狗所需的蛋白質量，約爲人類的四倍。蛋白質不僅是其體內能量的來源，還能構成肌肉、臟器與血液，促進皮毛的發育。除此之外，它還能加強對抗病毒或細菌的抵抗力。

一旦蛋白質攝取量不足，幼犬會發育不良，成犬則體重減輕，且皮毛失去光澤，授乳期的母狗奶水會不足。

●富含蛋白質的食品

食品	含量
牛奶	2.9g
熟蛋	12g
牛肝（小）	19.6g
熟大豆	16g
豬肉（塊狀）	13.2g

※表每100g的含量

對狗狗來說，動物性蛋白質就是其體力、精力與速度來源的重要營養素，需要量比人類還要多四倍呢！

●脂肪

營養素中的脂肪可以製造熱量，但若攝取過量，會造成肥胖或引起皮膚病。反之，若缺乏脂肪的話，皮毛的光澤度會變差，皮膚過於乾燥形成皮屑。

●富含脂肪的食品

食品	含量
牛奶	3.2g
奶油	81g
土司	3.8g
火腿	13.8g
黑鮪魚	1.4g

●碳水化合物

即糖分與纖維質，原本非狗狗需要的營養，但因和人類一起生活，很容易吃到這些東西，有促進排便的效果。若蛋白質或脂肪攝取量足夠的話，不要讓狗狗吃過多的碳水化合物。

●維他命

維他命具有調整三大營養素，讓其更加活化的重要功能，還能促進幼犬發育，強健骨骼，美化皮毛，增加抵抗力。

●礦物質

礦物質可以構成身體機能，促進幼犬發育。像幼犬的骨骼發展不可或缺的鈣與磷，若攝取量不足，幼犬的骨骼會歪曲，引發各種機能障礙。

●水分

動物身體組織超過60％的水分，可以促進身體的機能與代謝，據說如失去10％以上的水分時，身體會陷入病危狀態。

●視各種身體的狀況需要補充的營養

發育不良	蛀牙	毛髮零亂無光	皮膚病	體臭・口臭
蛋白質 維他命A 維他命B_1 維他命B_2等	鈣質	蛋白質 脂肪 維他命A 維他命E等	脂肪 維他命A 維他命E 維他命B_2 維他命B_6等	食物纖維 寡糖

青年期

（6個月~1年6個月）

成長過程與注意事項

茁壯生長的青年時期

從6個月~一年半之間，是狗狗身心快速發展，體型近似成犬的青年時期。這時狗狗的飲食生活或其他習慣都已成型，也具有社會性，可以開始進行高難度的訓練。

DATA
9個月 ——→ 1年6個月
體重4kg左右 ——→ 4~7kg左右
到4~7kg左右體型大小變化較大

公狗從6個月大左右，就有地盤的觀念，同時也會尊重其他狗狗的地盤。在7~10個月左右，母狗初次進入發情期。

而公狗的發情期比母狗晚一些，具有生殖能力，會對母狗感到興趣，不管是行動或態度都有明顯的變化。

等幼犬一歲大以後，身心方面都可以算是成犬；在一歲半~兩歲左右，其精神更加穩定，算是名符其實的成犬了。

再過個兩、三年，狗狗就會進入身爲犬輩能力最強的時期。

如果從平日就給予良好的照顧，不出兩年，西施犬就會長出蓬鬆美麗的皮毛，充分展現牠特有的魅力。

母狗準備迎接初次的發情期，而受到體味刺激的公狗，也出現各種性徵成熟的行爲呢！

母狗的發情週期爲半年

母狗的發情週期平均爲6個月一次，一年約兩次左右，發情期的母狗即有懷孕的可能。接近發情期的母狗，身體變得更雌性化，毛海更具光澤、頻尿，有懷孕準備後，約有10天的出血期。

10天過後，母狗外陰部腫爲2～3倍大，一開始的出血爲暗褐色，然後慢慢變淡。這裡的出血，大部分的母狗都會自行舔舐處理。

一般發情之後的10～13天，乃是最適合交配的日子；不過在出血現象結束後，母狗仍處於發情狀態呢！

雖說母狗7個月大之後就可能進入發情期，但應該等牠一歲大，身心發育都較成熟的時候，再讓牠交配生產比較理想。

公狗性徵成熟的行動表現

雖然公狗不像母狗一樣具有明顯的發情期，但到了性徵成熟期，牠的地盤意識更爲強烈，會在行動範圍內頻頻撒尿（做標記），藉機像其他狗狗宣示自己的勢力範圍。

除此之外，還會跨在人的腳或沙發上，做出交尾姿態（騎乘），並開始對母狗展現極大的興趣。

母狗只有在發情期才會以公狗爲交配對象，但是公狗在性徵成熟之後，只要受到發情母狗體味的刺激，隨時都可以交配呢！

●狗和人類的標準年齡換算法

狗	人類	狗	人類
1個月	1歲	6年	40歲
2個月	3歲	7年	44歲
3個月	5歲	8年	48歲
6個月	9歲	9年	52歲
9個月	13歲	10年	56歲
1年	17歲	11年	60歲
1年半	20歲	12年	64歲
2年	23歲	13年	68歲
3年	28歲	14年	72歲
4年	32歲	15年	76歲
5年	36歲	16年	80歲

（註）依狗狗種類會有些許的差異

公狗性徵成熟的表示

想要騎乘在人的腳上

喜歡在電線桿上灑尿做記號

對母狗感到興趣

健康管理與運動

準備一個舒適的狗屋（狗窩）

狗狗即使白天都和家裡的人一起生活，到了晚上還是需要一個可以安心休憩的地方；就算是標準的室內犬，也需要自己的狗窩。

不論是鐵製的大型狗籠或簡單的狗屋，只要大小適合狗狗活動都可以，客人來時再把狗狗關進狗屋裡。

像西施犬這種長毛狗，為避免刮傷皮毛，要選擇內側沒有加裝易滑金屬零件之類的狗屋。

至於狗屋的放置地點，以家人活動的起居室一隅，不會直接對著冷氣出口，也沒有冷風灌入的地點為宜。

狗屋裡可依季節需求，鋪上毛巾或毯子；並記得經常清潔狗屋，以免成為寄生蟲或病菌滋生的溫床。便器可放在不會被干擾的幽靜地點，且不要任意更動便器的位置。

帶狗狗規律地運動

每天早晚儘可能在固定的時間，帶狗狗出去做運動，才能幫牠培育出結實的身段和強健的體格。

六個月大左右進行絕育手術

如果母狗不是在飼主的期盼下懷孕生子，那生出的幼犬總讓人覺得來的不是時候；若沒有打算讓狗狗交配育種，最好讓狗狗做絕育手術。

一般都等狗狗五～六個月大左右再做手術，不必擔心會有副作用，而且手術後的狗狗性情比較穩定、溫馴；不過如果是易胖的犬種，要特別注意飲食與運動。

即使每天讓狗狗在室內跑來跑去，仍達不到足夠的運動量。爲了狗狗的身心健康，這時期的運動格外重要呢！

每日規律且正確地讓狗狗走一走、跑一跑，也有穩定其情緒的效果。這對飼主與狗狗之間的親密關係，更具加分的功效。

6個月大的幼犬即使外型近乎成犬，其實身心仍處於發展階段，運動量以狗狗得到滿足，又不會覺得過累的程度爲準。

等牠一歲大變爲成犬之後，1天至少要維持一次30分鐘左右的牽繩運動，才能預防肥胖，維持身心的健康。

至於懷孕中的母狗，如果沒有特別排斥的話，還是可以繼續運動到產前3～4天左右。

不同季節的健康管理

春 春季到夏季爲狗狗的換毛季節，應仔細梳理牠的皮毛，清除老舊毛髮，以預防皮膚病的發生。

這季節也是寄生蟲感染的好發時期，記得帶狗狗做糞便檢查。

進入梅雨季節以後，要小心狗狗的食物中毒事件。

夏 梅雨季節正是容易滋生蝨、蚤類的時期，需用心保持狗狗皮膚的清潔。狗狗洗完澡之後，身體一定要吹乾；像長毛叢生的趾間，若未完全吹乾，容易引起皮膚炎呢！

屬於長毛種的西施犬需要飼主細心打理牠的皮毛

炎熱的夏季以涼爽的早晚爲合適的運動時段，傍晚要小心蚊蟲的叮咬喔！

萬一狗狗因天氣酷熱缺乏食慾的話，也可以考慮餵食高熱量的食品。

秋 狗狗可以在秋天恢復夏季消耗的體力，儲備過冬的能力；所以，這時牠的食慾越來越旺盛，飼主要特別注意飲食的份量或內容。

冬 這是室內室外都十分乾燥，容易引發靜電的時期。爲避免傷及狗狗的皮毛，可幫牠擦點滋潤油，預防體毛乾燥或斷裂。

這時的西施犬裡層毛叢生，表層毛也越長越長，所以，從冬天到春天，爲西施犬皮毛最美麗的時節。

正確的飲食方法

●一天的餵食次數與份量

餵食時間	6個月～1年6個月
早上7點左右	◎
中午左右	△～○
下午5點左右	○～◎
晚上10點左右	
	◎表示平常的份量。 ○表示比平常少一些的份量。 △表示不餵也無妨；餵的話份量要最少。

成犬以維持體重為重點

幼犬在迅速發育的第一年期間，身體需要的熱量約為成犬的兩倍。

等幼犬6個月大以後，原來的一天餵三次改為早晚兩次；一歲以後變成一天餵一次。幼犬10個月大左右，已接近體格形成的時期，從這時開始到第二年期間，進入身體各部位逐漸充實發展的時期。

成犬的健康管理重點是，注意食量以維持接近標準的體重。像西施犬這種容易發福的狗狗，應以成犬用狗糧為主食，並避免餵食過量。

飼主也不要忘了經常為狗狗準備新鮮的水。

狗糧的利用方法

飼主可依不同犬種，或從幼犬到老狗等不同生命週期，選用合適的狗糧。

狗糧可大致區分為綜合營養食品和副食品。綜合營養食品即組合各式各樣素材，調整其成分，以提供必要且適量營養的狗糧，副食品則是利用素材味道製成的狗糧。

狗糧依照水分的含量，可分成乾燥型、半生型和罐頭型三種類型：

狗糧是專爲狗狗設計的綜合營養食品，可配合狗狗的生命週期選擇不同的產品。

●狗糧的標示方法

①　此商品經食品衛生管理單位認證，認可爲綜合營養狗食得以出售。
②　內容量：400g
③　使用材料：牛肉、雞肉、天然食物纖維、維他命類、礦物質類
④　成分：粗蛋白質 8 %以上、粗脂肪 3 %以上、粗纖維 1.5 %以下、粗灰質 4 %以下、水分 82 %以下
⑤　使用方法：以下面的體重爲餵食標準——3～5 kg：0.4～1 罐、5～10 kg：1～1.8 罐、10～20 kg：1.8～2.8 罐
⑥　賞味期限或有效日期：根據罐底記載的製造年月日起 3 年
⑦　原產地：美國
台灣進口商：○○興業股份有限公司
依不同目的選擇合適的產品
①狗糧的認證與分類（目的）
②內容量
③使用材料
④成分
⑤使用方法
⑥有效日期
⑦原產地與進口商

●乾燥型

含水量約10%，可以固齒口感絕佳的固狀狗糧，提供狗狗所需的均衡營養，且售價便宜，易於存放。雖說受歡迎程度比不上其他兩種狗糧，但用起來很方便，可用開水泡軟再餵。

●半生型

含水量20～30%，以肉類爲主的顆粒狀狗糧，也稱爲柔軟型。因質地柔軟，適合幼犬或老狗食用，營養成分也不比乾燥型差，但不易存放。

●罐頭型

含水量60～78%，以魚肉類加熱處理的罐頭副食品。因爲無須調理，口感類似生食，深獲狗狗喜愛，但價格昂貴，營養成分不夠均衡，開罐後1天內要吃完。

變成老狗之後…

狗狗的平均壽命延長了

只要沒有生病的話，一般狗狗都可以活到十二～十六歲。當牠過了八歲之後，即進入老年期。

和人類相比，狗狗的一生很短暫，好像是生命的濃縮版。人類需要懷孕10個月才能生下小寶寶，狗狗卻只需要8周；如按照這個比例來看，狗狗的平均壽命還眞是恰當呢！

近幾年拜動物醫療技術的進步，以及狗糧提供足夠的營養，狗狗的平均壽命也延長了。一般來說，養在室內的小型犬，會比養在室外的大型犬長壽。

進入老狗階段後，狗狗更需要飼主貼心的照顧，才能過的充實又愉快。

七、八歲大的狗狗正式邁入老狗之林，散步時間不宜過久，以維持身體狀態爲首要考量。

溫馨舒適的狗屋

狗狗十歲相當於人類六十歲左右；如同人老了一樣，老狗對外界的刺激不再出現敏感的反應。

這時老狗的行動不再像以前那麼靈巧，狗屋是最能讓牠的身心獲得休息的地方。飼主要經常清理狗屋，用心注意老狗居住的問題。

夏天可用裝了冰水的枕頭讓牠避暑，打開電扇保持室內空氣的流通，避免冷氣的風口直吹。

冬天時，保溫的動作宛如照顧幼犬一樣；將不要的毛衣（事先剪掉鈕扣）或蓬鬆的軟墊鋪在睡鋪上爲牠驅寒，或者直接利用寵物保溫墊或保溫燈。

還是需要適度的運動

同樣是十歲的老狗，每隻狗狗的體力都不太一樣；有些老狗可能還很活潑、皮毛很有光澤，但也有的不怎麼愛動，每天趴在地上呢！

老年期狗狗的健康管理，不同於元氣十足的成犬期，要以維持身體狀態爲首要考量。

所以，還是可以每天帶老狗出去散散步，預防肌肉衰退，促進血液循環；不過，不要讓牠過度勞累，以免消化過多體力造成反效果。

散步時，可觀察狗狗的樣子，斟酌走路的距離或時間。尤其像西施犬（不見得只是老狗）這類小型犬，最好選在涼爽的早上或夜間運動，以避開溽暑殘留地面仍有熱氣的傍晚。

但是，若狗狗不願意出門，也不要強迫牠，更不要選在風強雨大的時候外出。

提供容易消化的飲食

西施犬七、八歲大以後，牙齒咀嚼能力變差，飼主應提供容易入口的食物，也要預防狗狗過胖。

當狗狗過了八歲進入所謂的「初老」時期，雖不必大幅更動原來的飲食內容，但因消化能力越來越差，要儘量提供容易消化、高蛋白、低熱量的飲食。

並依照牠吃剩食物的量，適時增減食物的份量。如果一次吃不了這麼多，可分2～3次餵食。

萬一牠的牙齒脫落，吃不動堅硬的狗糧時，可在狗糧中加些溫牛奶或湯汁泡軟，方便狗狗食用，肉類的話要剁碎再餵。

老狗更需要一個安靜舒適的環境

小心預防疾病的發生

每天要幫老狗刷毛或梳毛，保持體毛或皮膚的清潔；如果覺得長毛不好照顧，可請專業美容師剪短一些。

老狗的牙齒若積存牙結石，容易引起牙齦發炎，一定要定期刷牙清除牙垢。脂肪若攝取過量容易發福，或導致機能障礙，要控制老狗的食量。

隨著老狗新陳代謝速度的衰退，很容易出現皮膚、呼吸器官或眼睛方面的疾病。若體重急速下降，或突然喪失食慾的話，要儘快求醫診治。唯有飼主用心相待細心照顧，才能讓狗狗活得長長久久。

和西施犬更愉快地相處

基本的教養

為何需要教養狗狗呢？

教養的目的是爲了讓狗狗更適應人類社會的常規，讓牠和家人的共同生活更順暢。所以，不管是有違社會常規的行爲，或足以妨礙共同生活的習性，都要加以制止；這就是所謂的教養。

幸運的是，狗狗在被人類馴養之前，就是過著群體生活，絕對服從領導者的動物。只要牠能意識到自己是屬於這個家庭團體的一員，就會心悅誠服地服從家裡的主人（領導者）。

不過，狗狗會自行決定自己的排行地位。像主人或女主人的話，牠會把他們當作在上位的領導者，反之對於幼兒，則視爲地位比自己低的人。而且，在牠們的潛意識裡，還是會有想當領導者的念頭。所以，如果過度溺愛，或讓牠任性妄爲的話，牠就會越來越自大，變成一隻無法教養的叛逆狗狗。

教養西施犬的注意事項

許多被當作賞玩犬的小型犬，似乎都是淘氣、撒嬌的高手呢！像西施犬，固然有著開朗、活潑的迷人性格，卻也有頑固、自尊心強的一面。所以，牠有時不容易妥協，一旦事情沒有照著自己的意思走，反而會出現憤怒攻擊的行爲。

不過，因爲西施犬原本就很容易教養，從小不要過度保護牠，對於不能做的事，明白告訴牠：「不可以！」讓牠了解誰才是領導者。再者，有些飼主允許狗狗上床一起睡，長期下來，狗狗可能想要的不只是床，也想跟人類平起平坐了

教養所需的道具

牽繩
帶狗狗出去散步或運動時專用的短帶子。

點心
等牠表現良好時，給個點心鼓勵一下喔！

玩具
用於訓練狗狗的注意力與撿拾訓練。

調皮又愛撒嬌的西施犬要給予適當的教養，才不會過度依賴。

呢！

一旦讓牠養成這些壞習慣，只要不順牠的意，牠可能就會馬上狂吠，不聽管教，因此一開就該貫徹正確的教養態度。

有效的讚美與斥責法

一提到教養，人們往往就想到斥責；其實狗狗的教養應該是反覆地讚美與斥責。如同教育人類一樣，用更多的讚美取代斥責，更能激發狗狗的學習動力呢！

尤其狗狗自古就是一種服從領導者的動物；聽從飼主的命令，而獲得讚美的喜悅，恐怕超乎人類的想像呢！所以，與其責罵狗狗，倒不如多加讚美反而更能提升牠的學習士氣。

此外，教養狗狗時態度要一致。若同樣的行爲有時被罵，有時又沒關係的話，很難教牠判斷是非對錯。當你發現狗狗做了不對的事情，應在最短的時間內糾正牠的錯誤；千萬不要拖拖拉拉，錯失最佳的教養時機。

基本的教養事項

1 讚美的效果比斥責好

與其責罵狗狗，倒不如多加讚美反而更能提升牠的學習士氣。等牠做的很棒時，再緊緊地抱著牠吧！

2 全家使用統一的語彙做訓練

爲避免狗狗搞不清楚該聽誰的，全家人要統一訓練的語彙；例如，讚美時說：「好棒！」斥責時說：「不可以！」、「不行！」。

3 明確區分對和錯的事

教養狗狗時態度要一致。若同樣的行爲有時被罵有時又沒關係的話，很難教牠判斷是非對錯。

4 不要過於情緒化

教訓狗狗時不要過於情緒化或過度體罰，以免狗狗出現反抗心態或變得怯懦不前。

如廁及飲食的教養

飲食的教養

在固定的時間、地點，以相同的狗碗，給狗狗一定的份量。

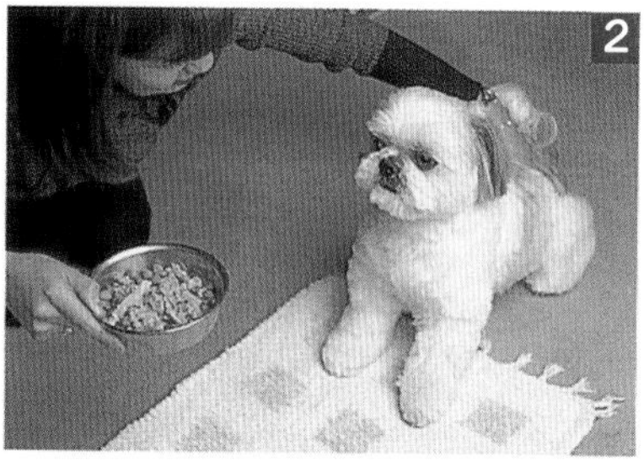

讓牠先坐下，把狗碗拿到牠的前面跟牠說「等一下」，讓牠學習忍耐。

一過吃飯時間，立即收拾乾淨，避免狗狗養成邊吃邊玩的壞習慣。

飲食是培養狗狗服從飼主的好機會，同時訓練牠等待與耐心。

飲食的教養方法

每天選在相同的時間、地點，並使用相同的狗碗餵狗狗吃飯。若只餵牠喜歡的東西吃，不僅不健康，狗狗也會變得任性不聽話。

吃飯時要注意不要讓狗狗邊吃邊玩，或撿掉在狗碗外的食物吃。吃剩的狗食會影響衛生，過了既定的吃飯時間，就把狗碗收拾乾淨。

有些飼主喜歡把自己的食物餵狗狗吃——其實這是錯誤的餵食方法，只要狗狗嚐過一次甜頭，下次牠一定會再上前索食。

除非飼主許可，否則絕對禁止在既定地點以外的地方進食——這是教養狗狗飲食的一大重點呢！

如廁及飲食爲狗狗的基本教養，因此一開始不要過度溺愛喔！

如廁的教養

狗狗一直嗅著地板或地上，都是想要大小便的徵兆，馬上帶牠上廁所。

輕輕壓牠的腰，告訴牠：「嗯嗯囉！」讓牠記住如廁地點。

公狗撒尿有時會濺到牆上，可事先鋪上寵物墊以免增加困擾。

若在不該上的地方大小便，要立刻斥責；清掃後用除臭劑去除味道。

如廁的教養方法

狗狗原本就是喜歡乾淨的動物，只要教牠在某個地點大小便，以後牠就會習慣在這裡如廁。

不過剛抱回新家的幼犬，因爲尚未適應生活環境，很容易將最早排泄的地點當作廁所。所以，在狗狗還沒來之前，全家就要商量哪裡當作狗狗的如廁地點最好。

如廁的教養一開始很重要，可仔細觀察狗狗的動作，若出現想要大小便的徵兆，馬上帶牠上廁所。上完後不要全部清理，留一些寵物墊的氣味吸引牠，牠比較容易記住如廁地點。最初的一星期最辛苦，飼主一定要有耐心喔！

散步的教養與常規

散步的教養方法

狗狗出生四個月之後，注射的疫苗已經發揮免疫功效，該是帶牠出去見識外面世界的時候了。

不過，雙層毛的長毛西施犬不適合長時間戴項圈，最好利用套頭牽繩或肩帶式牽繩帶出去散步，才不會傷及皮毛。平常在家先讓牠習慣繫上蝴蝶結，這時才不會排斥繫牽繩。

西施犬體型雖小，仍然需要足夠的運動量，每天一次的散步兼運動是一定要的啦！

一開始在家讓狗狗繫上牽繩玩，輕輕拉拉看；如果牠不排斥，再試著走幾步。接下來帶狗狗出去，到公園或商店等人潮多的地方，讓牠聽聽別人的聲音，接受別人的撫摸，消除自己過度的警戒心，變成人見人愛的狗狗。

慢慢帶狗狗出去適應外面的世界

散步時留意狗狗亂撿東西吃的壞毛病，以免引起胃腸不適或可怕的傳染病。除此之外，事先幫牠噴一些除蚤劑，還能免除跳蚤的騷擾。

飼主的公德心

帶狗狗散步時，飼主的公德心很重要。出門時要準備兩、三個塑膠袋和免洗手套，隨時清理狗狗的排泄物。

再者，要確實教導狗狗在固定的地點尿尿，而不是到處撒尿破壞環境的整潔。

如果是獨門獨院的住宅，比較沒有疑慮；但若住大樓或公寓，經過大廳或中庭等公共區域時，記得不要留下狗狗的味道、排泄物或體毛，以免讓討厭狗狗的住戶感到困擾。再者搭電梯時，最好將狗狗抱著，避免讓牠在裡面大小便。

狗狗很喜歡散步，教導狗狗遵守常規，才能有愉快的生活。

散步的教養

幼犬四個月大完成疫苗注射後，可帶出去散步；散步時一定要繫上牽繩。

散步時不要讓狗狗四處跑，抓緊牽繩，讓牠走在人的左側。

萬一狗狗不聽命令四處跑，可放開牽繩躲起來，狗狗就會感到不安地回來。

即刻清理狗狗的排泄物；利用塑膠手套和塑膠袋才不會弄髒手。

交通流量大的路口很危險，應該把狗狗抱起來才安全。

散步或運動回家後，先用濕毛巾擦乾手腳再進家門。

其他的教養之一

坐下的教養

用力壓狗狗的腰部，命令牠：「坐下」。

狗狗做得很棒時，記得要讚美牠。

等牠對「坐下」一詞有反應後，只用口令訓練牠乖乖坐下。

吃飯前訓練效果更好，每天都要反覆練習。

坐下的教養方法

「坐下」是狗狗初期訓練的第一步，也是牠等待主人下一個指令的姿勢。

首先面對狗狗發出「坐下」的指令，拿出狗狗喜歡的玩具或零嘴放在牠的頭上，因狗狗會往上看自然能坐下來。

萬一牠不肯乖乖坐下，站在牠的右側，發出「坐下」的指令，用力壓牠的腰讓牠坐下。吃飯前多訓練幾次，效果最好。

趴下的教養方法

學會「坐下」的狗狗，接下來要學「趴下」，將狗狗的胸部貼緊地面直到飼主說：「好了」。這個動作對狗狗來說不太舒服，但還是要好好教牠。

訓練是人跟狗狗溝通情感的好機會，一定要有耐心喔！

等一下的教養

選個讓狗狗可以專心的安靜地點，單手朝下，命令牠：「坐下」。

等狗狗固定不動，往後退一步，拉長彼此的距離。

若狗狗不安地亂動，飼主要回到原點讓牠坐下來，重新訓練。

等狗狗聽候命令乖乖待在原地後，再回到狗狗那裡讚美牠的合作。

首先面對等待狀態下的狗狗，單手手心朝下命令牠：「趴下」，將牽繩向前拉。如果牠不願趴下，將牠的雙腳往前拉。等牠學會了，好好讚美牠；接下來單靠口令訓練牠：「趴下」。

休息的教養方法

需要狗狗長時間一旁等候時，可教牠躺下來放輕鬆地「休息」。

首先讓狗狗趴下來，用手壓牠的腰命令牠：「休息」；因爲「休息」比「趴下」舒服多了，狗狗很容易就學會了。

等到狗狗即使正在走路，一聽到飼主「休息」的指令就會停下來，這個訓練才算大功告成。唯有發揮耐心持續練習，才是這個訓練成功的捷徑。

其他的教養之二

過來的訓練

1
讓狗狗坐著等一下，身體壓低命令牠：「過來」。

2
若狗狗馬上乖乖過來，要好好摸摸牠，逐漸加長訓練的距離。

等一下的教養方法

對狗狗來說，「等一下」是最需要忍耐力的訓練，飼主儘可能發揮耐心好好教牠。如果在戶外訓練，一定要利用牽繩比較方便。

面對坐著的狗狗，單手朝下命令牠：「等一下」。等一陣子後，飼主慢慢地往後退。

如果狗狗想要亂動或跟過來，飼主必須伸手制止，以強烈的語氣說：「等一下」，回到原來的位置，讓狗狗重新坐下來。

等牽繩拉到最長，狗狗還是能乖乖等待後，飼主可將牽繩放開，或左右移動，或故意躲起來，訓練狗狗在原地等待。

過來的教養方法

等牽繩拉到最長，狗狗還是會乖乖等待後，瞬間用力拉牽繩命令牠：「過來」。如果慢慢拉的話，狗狗可能不聽指令呢！隨著狗狗的進展，試著放開牽繩，再拉長距離，單靠口令讓狗狗走過來。

這種訓練有賴於飼主平日與狗狗的信賴關係。萬一你怎麼叫狗狗都不肯過來，表示人狗之間的信賴感不足，有必要重新檢視彼此的互動。若狗狗訓練途中跑到別的地方，不要急著追牠回來以免造成反效果。飼主可以一邊叫牠的名字，一邊朝反方向走或躲起來，狗狗感到不安自然會跑回來。等牠回來後不要罵牠，應該讚美牠乖乖回來的舉動。

需要耐心的訓練，即使進步緩慢，也要好好幫狗狗加油喔！

進去狗籠的訓練

把狗狗帶到狗籠前面，命令牠：「進去」，並用手推牠的屁股。

進去後先讓牠「等一下」，再命令牠：「坐下」。

如果牠還想出來，有時可以彈彈牠的鼻子，表示輕微的體罰。

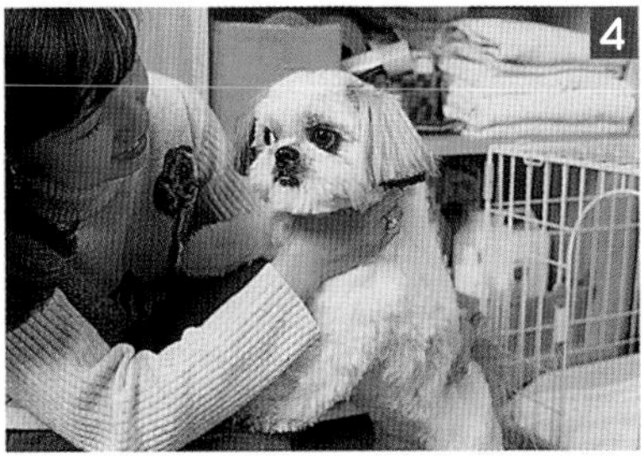

如果牠很聽話待在狗籠裡，記得好好讚美牠，要有耐心繼續練習。

進去狗籠的教養方法

即使是和人一起生活的室內犬，也需要一個可以安靜休息的空間；市面上的狗屋或狗籠都有很好的設計，但利用厚紙箱或洗衣籃也是省錢的好方法。為了那些討厭狗的客人或其他的目的，訓練狗狗進去狗籠是必要的教養。

剛開始把牠帶到狗籠或狗屋前面，命令牠：「進去狗籠」，並用手推牠的屁股；有時用一些點心或玩具吸引牠也無妨。

如果狗狗進去狗籠，還想跑出的話，繼續命令牠：「坐下」、「等一下」；如果牠乖乖坐下，要誇獎牠：「好棒！進去狗籠！好棒！」。

爲何需要整理狗狗的皮毛？

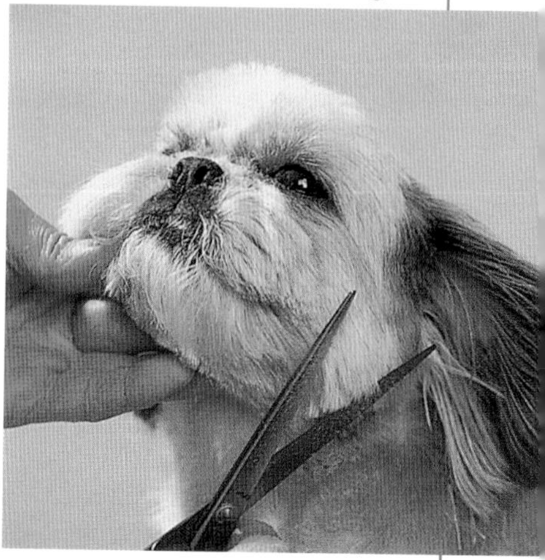

整理皮毛的目的

原在野外求生的狗狗，會自行整理皮毛，但牠成爲同伴動物和人類一起生活後，由於生活環境或狗狗身體特徵上的改變，許多犬種都無法整理自己的皮毛。無論是多麼漂亮的狗狗，若飼主長期置之不理的話，還是會變成癩痢狗。所以飼主應該負起責任，用心照顧狗狗的健康。

整理皮毛不僅可以雕琢狗狗的美感，還能確保牠的健康。但若未定期修整，很可能因爲跳蚤影響食慾，或因爲長毛球滋生細菌，引起各種皮膚病。長期下來，狗狗會因身體的不適形成壓力，進而丟掉小命。幫狗狗刷毛時，也別忘了牙齒、耳朵或爪子等等的保養喔！

打理狗狗的相關用語

理毛（修剪）	打理或基礎修剪等等有關狗狗全身皮毛的照顧事項。幫狗狗整理皮毛，可確保其健康，使身體各部位展現平衡美感。
剪毛	用剪刀修剪過長的體毛。
刷毛	用刷子刷皮毛，清除污垢，促進血液循環。
梳毛	這是每天整理皮毛的基本動作，用梳子清除打結的毛球。
洗澡	用洗毛精清洗狗狗的身體。
吹整	用刷子、梳子或吹風機，邊吹邊整理皮毛。
電剪	用電剪（電推剪）修整各部位多餘的體毛。
捲髮	爲保護長毛種的體毛，用捲髮用紙和橡皮筋將一束束的毛綁好。

幫狗狗整理不僅可保有美麗的皮毛，還能維護身體的健康，

整理皮毛所需的用具

洗毛精和潤絲精
人類的相關產品也可以，但最好用狗狗專用的品牌。

吹風機
準備一個不同於人類使用，而是狗狗專用的吹風機。

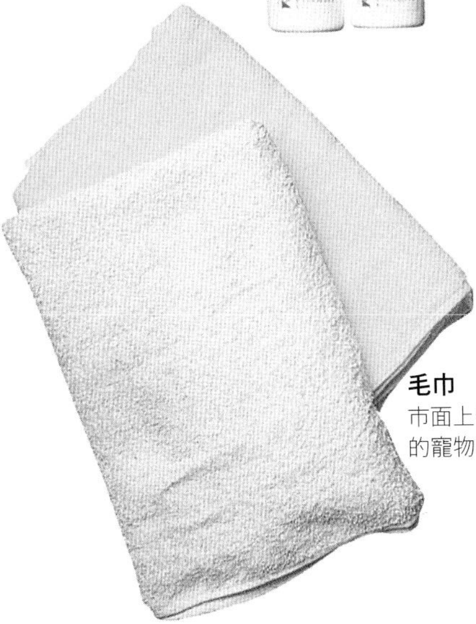

針齒木柄刷
這種針齒刷有促進血液循環的功效。

毛巾
市面上也有吸水性佳的寵物專用毛巾。

齒梳
粗齒及細齒都可使用的金屬梳效果最佳。

整理皮毛的基礎知識

幫家裡的狗狗整理皮毛，乃維護其健康的首要步驟。雖說沒必要如專家般追求完美，但至少要做到刷毛、梳毛、眼睛、牙齒、耳朵或爪子等等的基本保養。

飼主透過每天幫狗狗梳理毛髮接觸身體，可以注意到皮毛或皮膚的異常，早日發現身體的疾病。

所以，飼主要讓狗狗從幼犬期開始，就養成讓人整理皮毛的習慣。整理皮毛時小心剪刀等尖銳的器具，並溫柔地對牠說說話，消除牠的不安感；如此一來，狗狗就會把整理皮毛的時間視爲歡樂時光呢！

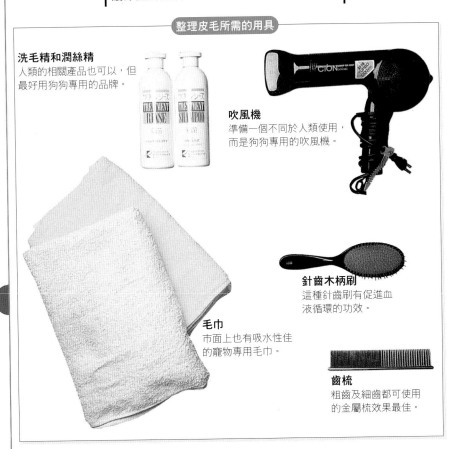

牙齒、耳朵、眼睛、爪子的照顧

狗狗的健康管理是飼主的義務

即使把修剪狗狗門面的工作交由美容師處理，飼主還是要負責狗狗日常的健康管理。

飼主每天幫狗狗刷毛時，最重要的是檢查眼睛、耳朵、牙齒、爪子有無異常。例如，有沒有眼屎、耳屎、有無牙垢或嘴巴有異味，爪子是不是過長？有時這些例行性保養會讓狗狗覺得不舒服，所以，要讓牠從小就習慣這些保養動作。

雪白無味的牙齒是狗狗健康的基本指標

和貓咪比起來，狗狗更容易積存牙垢。這些牙垢如未及時清理，久了會引發牙周病或其他的內臟疾病。所以，飼主應一週一次，用紗布或脫脂棉按摩牙齒與牙齦，清除殘渣或污垢。

萬一牙齒已經出現牙垢，就要儘早清除。早期的牙垢用指甲或紗布即可清掉，陳年的牙垢或牙結石必須使用專門器具，或委由獸醫清除。最近市面上也出現可防牙結石的飼料或寵物專用牙膏，飼主可多加利用。

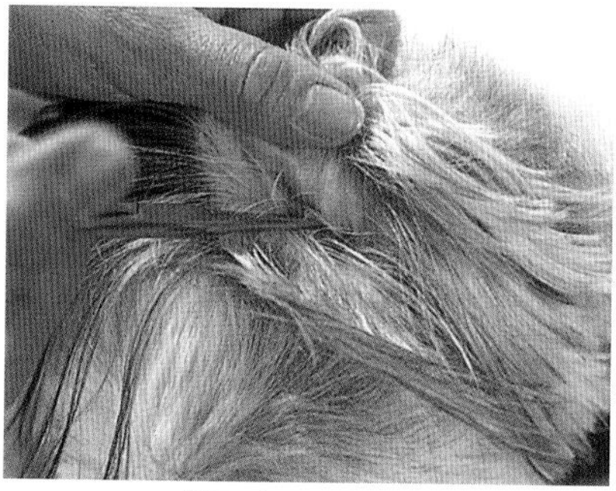

避免將尖端深入狗狗的耳朵裡面

長毛狗的垂耳易藏污納垢

狗狗的耳朵十分細緻，尤其像西施犬這種長毛的垂耳狗，因通氣性不佳，容易藏污納垢，滋生耳疥蟲或細菌。耳

清潔耳朵的方法

用棉花棒沾取清耳劑。

輕拉耳朵露出內側，再以棉花棒輕輕擦拭污垢。

儘早發現狗狗身體的異常，是飼主的責任與義務。

朶是最容易被忽略的部位，飼主一定要多加注意仔細清理。

首先拔除耳朶入口周遭的雜毛，增加透氣性。接下來用棉花棒或纏上脫脂棉的鉗子沾取清耳劑，擦拭耳內的污垢。如發現耳朶內部有黑色的油脂塊，裡面可能有傷口、發炎或耳疥蟲，最好找獸醫仔細檢查。

狗狗的眼睛反應身體的健康情形

不管是人或狗，眼睛都是身體健康的標記。平常就要留意狗狗眼睛的亮度，及早發現身體的異常或壓力。

首先看看狗狗有沒有眼屎；有的話馬上清乾淨。如有異物跑進眼睛裡，抓著牠的嘴巴把頭抬高，以眼藥水沖乾淨。萬一狗狗不配合，可讓牠閉上眼瞼，滴些眼藥水，再慢慢睜開眼睛。多餘的眼藥水，馬上用脫脂棉擦乾淨。

爪子的剪法

用拇指和食指抓著爪子加以固定。

可看到血管的粉紅色部位前面，爲可修剪的範圍。

剪完之後用銼刀修飾一下，以免刮傷地板。

爪子過長是引發意外的原因

西施犬很少在戶外活動，爪子長得很快。

如果牠的爪子長到捲曲，很容易刺進腳底的肉墊，引起發炎。而且爪子越長，裡面的血管就越往外延伸，不容易剪乾淨。所以，飼主應該定期以狗狗專用的爪子剪，自粉紅色血管的前面剪下過長的爪子。

再者，還要定期修剪狗狗趾縫間的雜毛，以免藏污納垢，或讓狗狗滑跤。帶狗狗散步回家後，別忘了檢查牠的爪子有無異物刺傷或裂傷。

刷毛與梳毛

Brushing & Combing

刷毛法

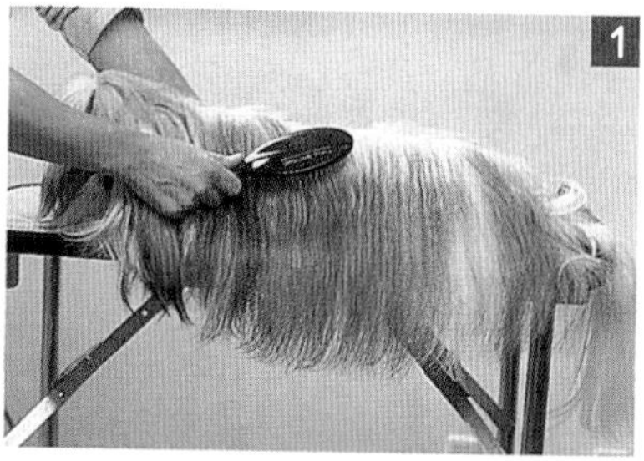

長毛種很適合使用針齒刷，先依毛海生長方向刷一遍。

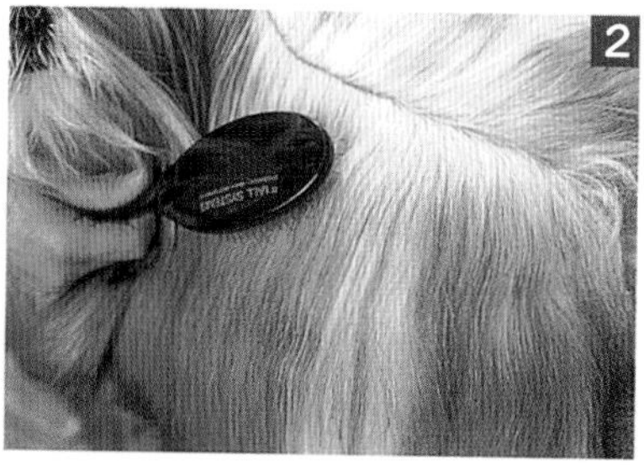

針齒刷須與皮膚平行，刷的動作要輕，不可用力拉扯。

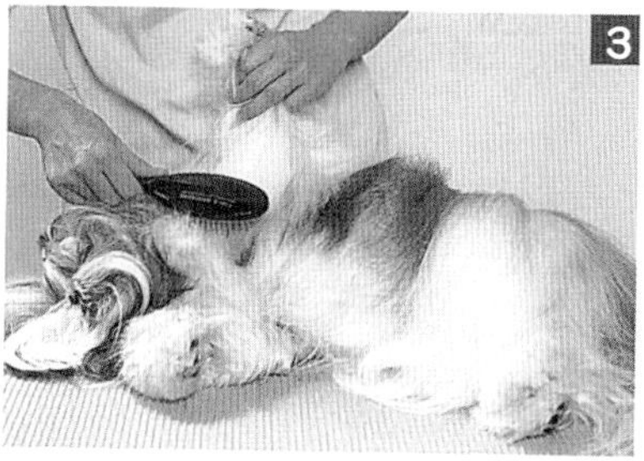

肚子或腋下等易起毛球的部位，更要仔細梳理。

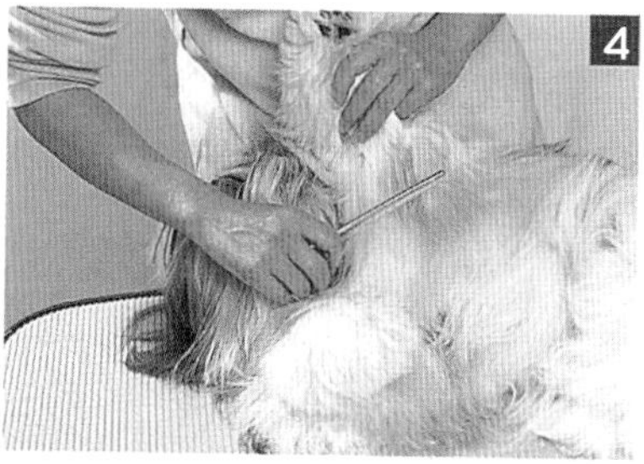

刷完後再用梳子以同一順序梳一遍，解開打結的皮毛。

一個月大以後讓牠習慣整理皮毛

西施犬雖然是十分溫順的狗兒，但若沒讓牠從小習慣被人整理皮毛，以後可能花了很長時間還弄不好呢！

對那些討厭被人整理皮毛的狗狗來說，這是一段痛苦的時間；但如果習慣的話，就變成飼主與寵物最佳的親密時光。所以，從幼犬期就要教養，一個月大以後，慢慢讓牠習慣被人整理皮毛，以後才不會變成一隻不愛乾淨的狗狗。

刷毛的功用

對以一身美麗皮毛自豪的西施犬來說，刷毛是每天的基本保養。幫狗狗刷毛不僅可清除身上的污垢或多餘的死毛，讓狗狗保持身體的潔淨，還能防止狗毛打結是首要任務，尤其是肚子或腋下等易起毛球的部位要特別注意。

5

在背部劃分髮線，用粗齒細齒都有的美容梳仔細梳理。

6

像臉部四周、耳朵、四肢或屁股附近等敏感部位，要小心梳理不可傷到肌膚。

7

梳理過程中多跟狗狗說說話，修飾完畢記得讚美牠：「好可愛喔！」

適度地刺激皮膚，促進血液的循環，讓牠感到很舒服。專業的美容師幫狗狗洗完澡後，會把牠抱上專用的美容桌，細心梳理牠的皮毛；不過，爲了增進人犬間的情感，飼主把牠抱在膝蓋上仔細梳理，也是不錯的方式。

刷毛與梳毛的方法

刷毛的順序是，先用針齒刷全身刷一遍，去除糾結的體毛，再以梳子全身梳一次。

如果體毛嚴重打結，先用針梳或手幫忙剝開再梳理。萬一打結太嚴重無法自行整處的話，最好用剪刀剪掉或委由美容師處理。

洗澡的方法之一

洗澡的方法

這是兩週未做基本保養的西施犬的模樣。先用洗毛精洗掉皮毛上的污垢。

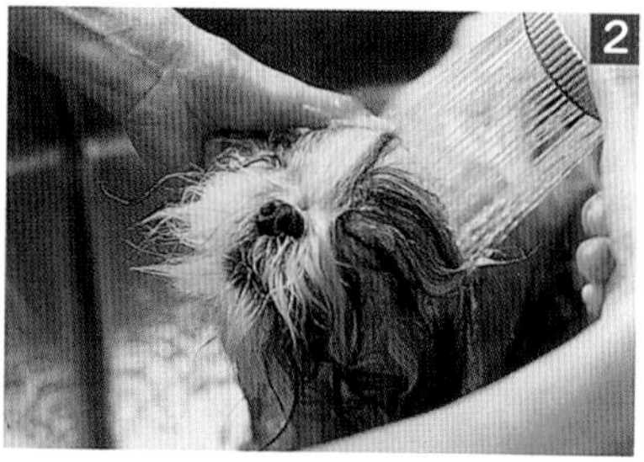

以約 35℃的溫水沖洗，才不會嚇到狗狗。

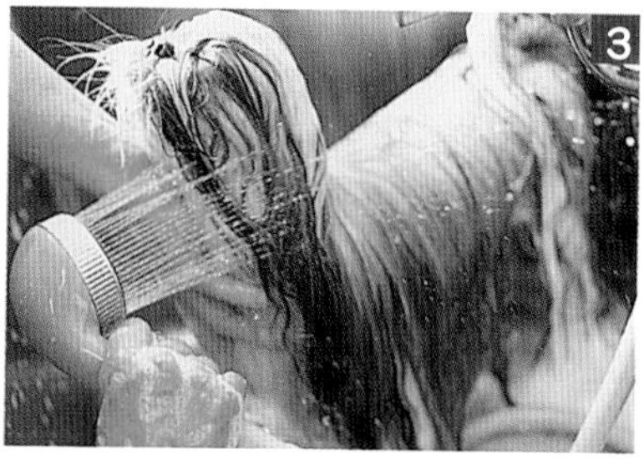

西施犬因鼻子短，洗頭時臉要朝上，慢慢用水打濕。

身上大部分的污垢洗淨後，再洗比較髒的四肢或腳底。

洗澡的前置作業

從洗澡、潤絲、用毛巾擦乾到吹風機吹乾，這一連串的動作稱爲基本保養。像西施犬這類長毛室內犬，每個月需要1～2次的基本保養。

這種基本保養可以美化狗狗的皮毛，保持身體清潔；但注射疫苗前的幼犬，病中、病後身體狀況不佳，或正在驅蟲的狗狗都不適合洗澡。冬天時，可選擇溫暖的室內進行基本保養。雖說狀況不允許，但一定要做的話，改用慕絲狀或粉末狀的乾洗劑比較妥當。

洗澡之前一定要把洗毛精、潤絲精、寵物專用浴盆、浴巾、吹風機、針齒刷或梳子等相關用品準備好。

從開始洗澡到最後的整理，都不能離開狗狗的身邊。

5 用拇指和食指擠出肛門腺內的臭液，小心不要噴到衣服。

6 洗毛精一定要稀釋再用。用海綿沾滿洗毛精順著毛海生長方向搓洗全身。

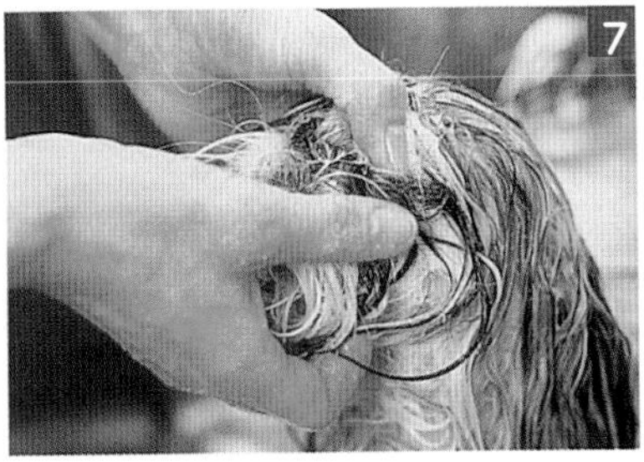

7 用指腹輕輕搓洗狗狗的臉，注意洗毛精不能跑進牠的眼睛或耳朵。

8 尾巴或四肢特別髒，一定要洗乾淨。徹底沖掉洗毛精後，再洗第二次。

洗澡的注意事項

進行基本保養以前，爲了避免打結的毛球沾濕變硬後，只能剪掉的遺憾，要先幫狗狗刷毛和梳毛。一發現打結的毛球，可用手剝開，或用剪刀剪開，再用梳子小心自毛尾梳開。

對於還不習慣基本保養的狗狗或幼犬，眼睛先點上藥膏，耳朵塞入脫脂棉，以防洗澡水或洗毛精跑進去。

洗澡時要特別注意水溫，以常溫約35℃的水溫最適合。另外，因爲狗狗很討厭臉或頭被水沖到，必須從離臉最遠的屁股開始沖水。

洗澡的方法之二

潤絲精稀釋後，倒在脖子、背、腳和尾巴，用手搓揉全身。

從頭向尾巴沖洗潤絲精，不要沖太久以免減低潤絲的效果。

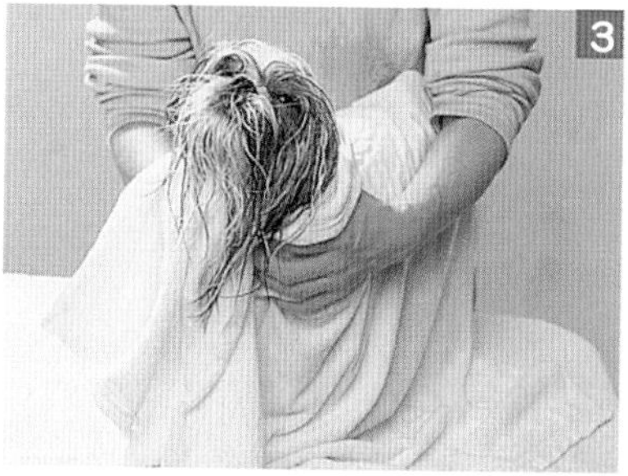

用手擰乾皮毛上的水分，再以吸水性佳的毛巾擦乾。

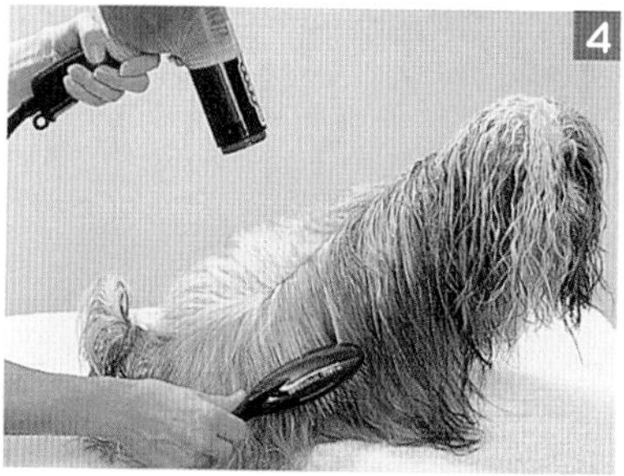

最後用吹風機仔細梳理吹乾，不宜自然乾燥。

洗完澡以後……

爲了中和因爲用了洗毛精而呈鹼性的皮毛，必須幫狗狗潤絲；但潤絲後不要沖得太乾淨，才能增加潤絲的效果。

等用毛巾充分擦拭後，再用吹風機和梳子，邊梳理邊吹乾。

狗狗可以使用人類的洗髮精嗎？

市面上狗狗專用的洗毛精從除蚤、去蟎、防止掉毛到去除皮屑等等用途，各有不同的品牌，飼主可配合需求加以選擇。若僅是爲了去除污垢，用人類的洗髮精也無妨；但爲避免直接使用傷及狗狗肌膚，一定要稀釋後再利用。

如果不知如何使用才好，可以先跟專業的美容師商量一下。

修整皮毛的基礎

Trimming

從臉到屁股，甚至到腳底，
都能自行修剪的方法。

整理皮毛所需的用具

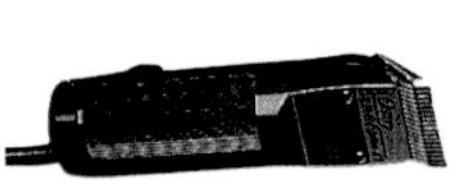

電剪
即電推剪，可依不同部位加裝附件。

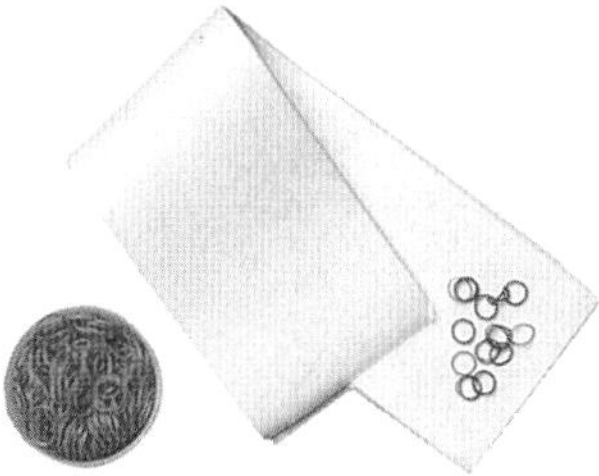

美容紙（和橡皮筋）
可保護犬展用犬的皮毛。

針齒刷

防靜電噴霧髮雕
可用人類的產品，或將潤絲精稀釋後塗抹全身。

美容梳

剪刀

木柄梳
捲髮時用來細分一小搓毛髮，十分方便。

犬展剪法和寵物剪法

人類幫寵物修剪皮毛的美容史十分久遠，依不同犬種或目的發展出不一樣的類型。像西施犬，可分成保留長毛修飾外型的剪法，以及在家裡就能完成的寵物剪法（短毛）。

不過，即便是寵物剪法，仍是需要運用剪刀的高難度修剪技巧，所以，可以自行在家修剪的雜毛，大概僅限於臉、屁股或腳底等部位了。

自行在家修剪的方法

如前所述，利用剪刀的修剪技巧，最好委由專業美容師負責；自己想嘗試看看的話，不妨試試電剪。使用電剪時，刀片須與皮膚平行移動，並留意腹部等敏感部位。具體的修剪順序請參考下一頁的說明。

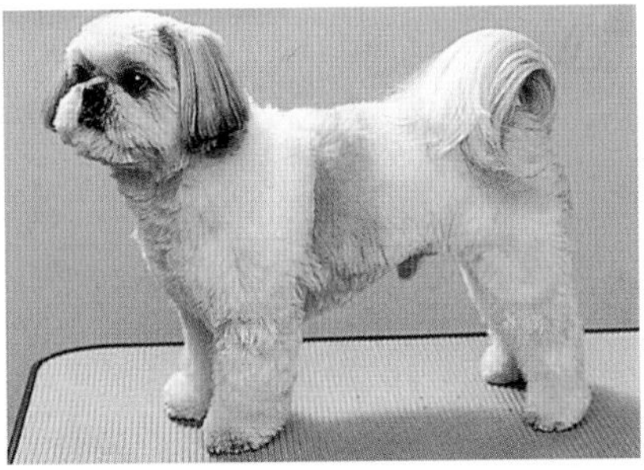

只用剪刀即可修剪的寵物剪法，最好委由專業美容師處理比較漂亮

修剪皮毛之一

Trimming

修剪前的西施犬。修剪的重點是，利用梳子邊梳邊剪。

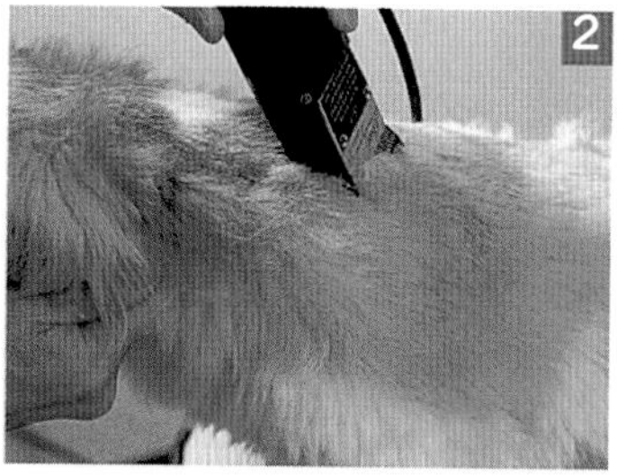

順著毛海生長方向從脖子到背部、腹部依序修剪。

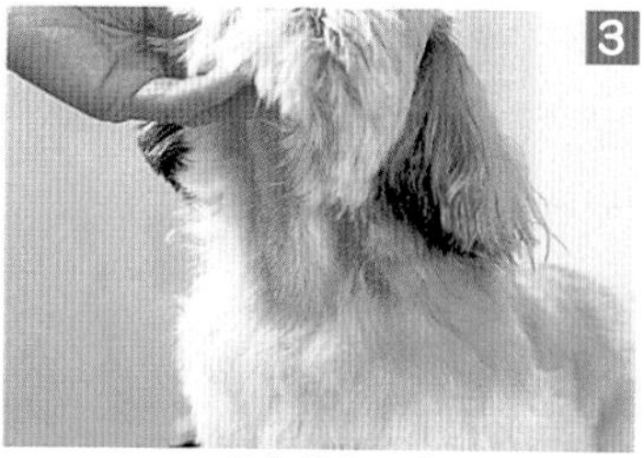

喉嚨部分要由下往上倒著剪，注意喉嚨下面的三角地帶。

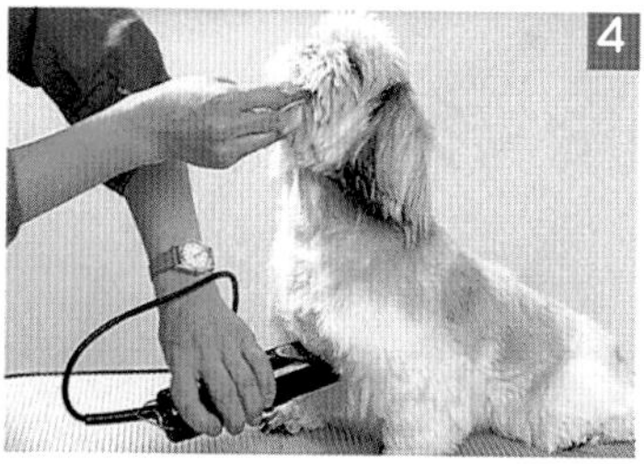

胸部由上往下剪。

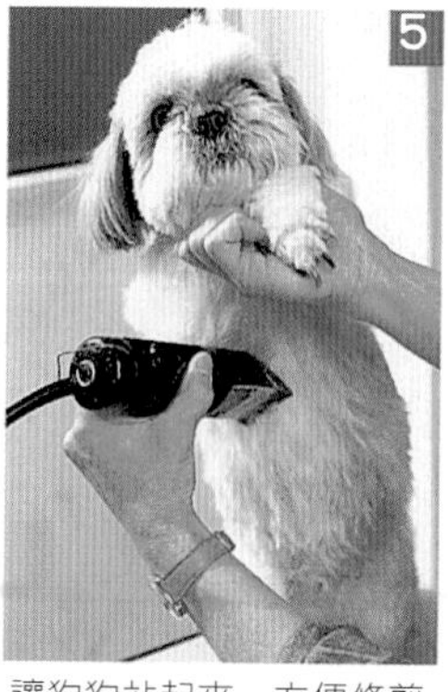

讓狗狗站起來，方便修剪腹部的體毛。

電剪的拿法 Column

錯誤示範

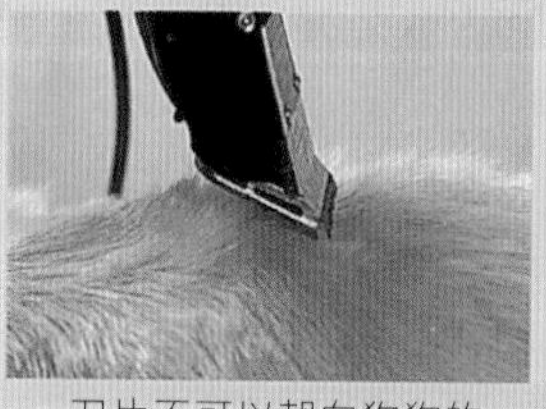

刀片不可以朝向狗狗的皮膚，生殖器四周要特別小心。

正確示範

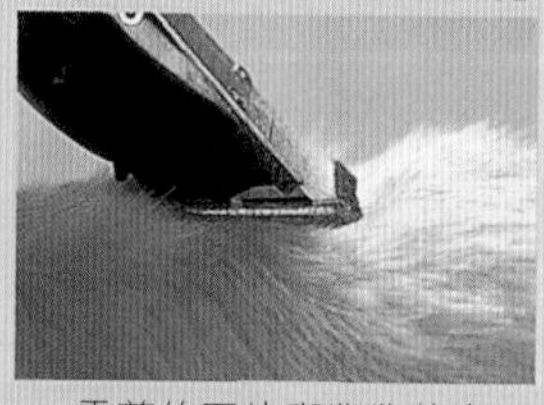

電剪的刀片與狗狗的身體平行，才不會傷到狗狗的皮膚。

如果技術還不熟練的話，利用打薄剪比較不容易出錯。

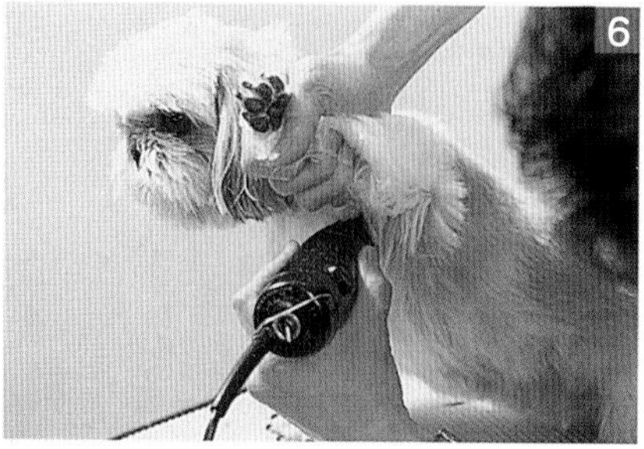

腋下容易長毛球，把狗狗的腳舉高比較好剪。

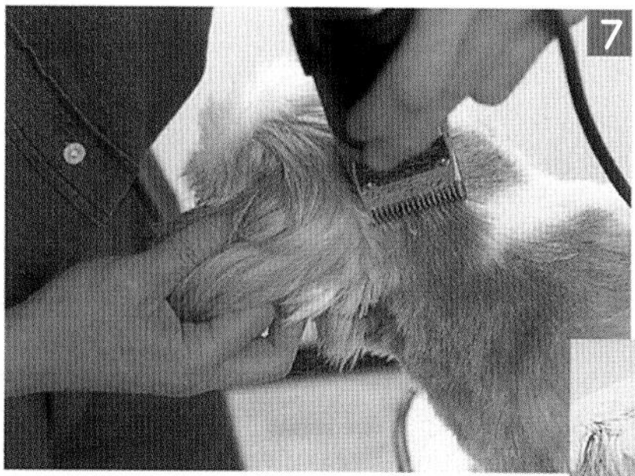

後腦和耳朵後面也要修剪。原則上身體用電剪，臉或四肢用剪刀修剪。

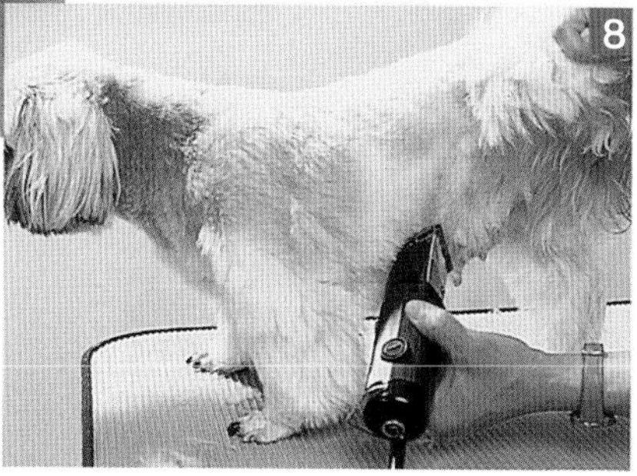

生殖器四周，要特別小心。

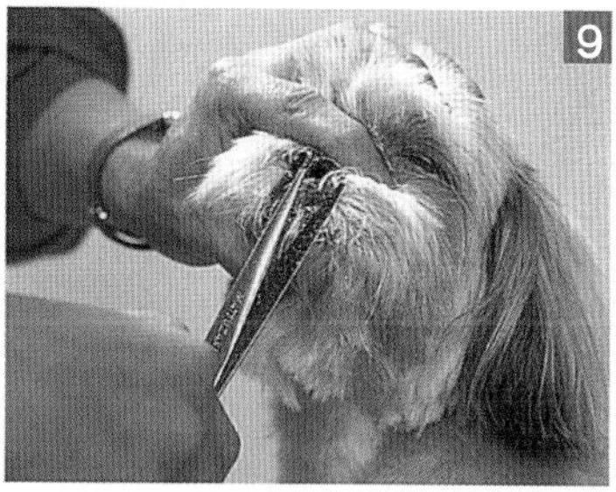

鼻子或嘴巴等敏感部位，用剪刀比較方便。

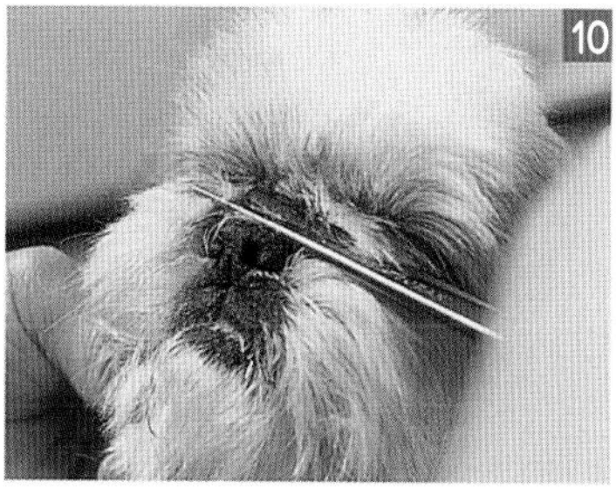

西施犬的眼鼻很短，小心剪刀刺傷眼睛。

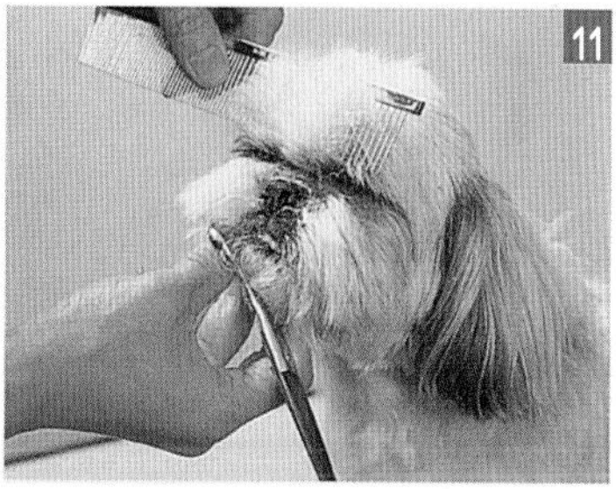

臉部的修剪要多費工夫，剪完的模樣才會漂亮。

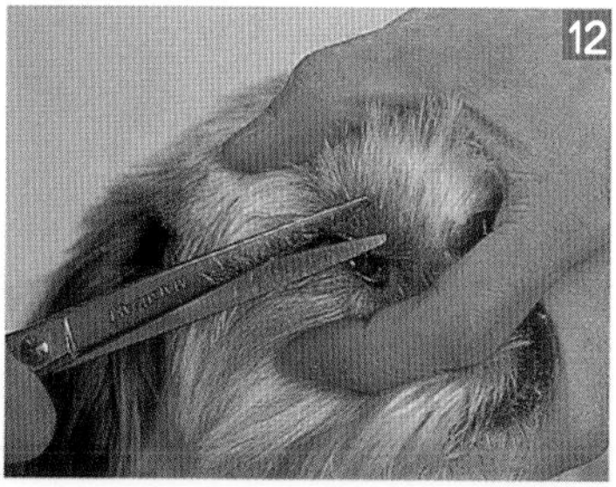

一手固定狗狗的頭，小心修剪眼睫毛。

修剪皮毛之二

Trimming

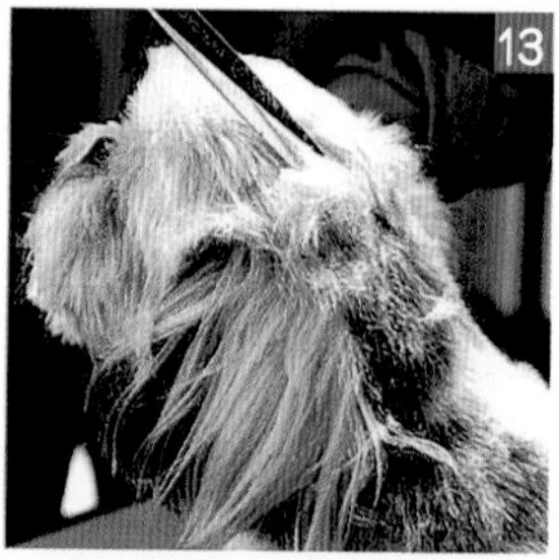

用梳子反方向梳起頭部的毛再剪；不好剪的話，用打薄剪比較方便。

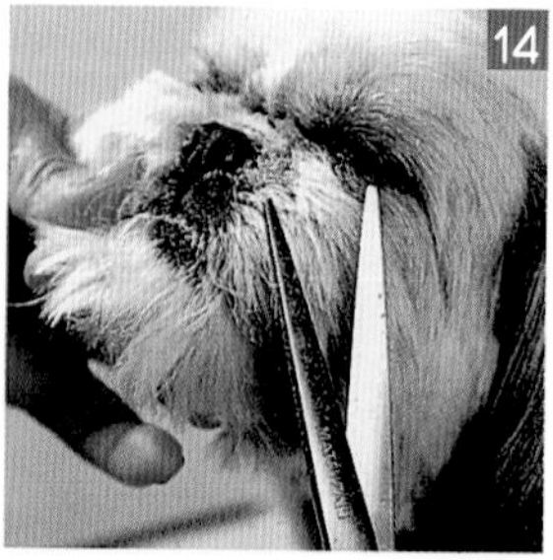

嘴巴四周邊梳邊剪出渾圓感；從側面看不到雜毛才算成功。

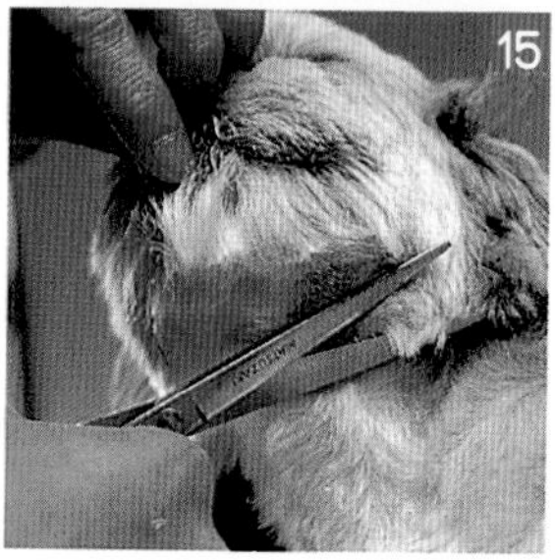

嘴巴四周的毛梳齊，修剪下顎的毛（剪短些無妨），呈現頭部的平衡美感。

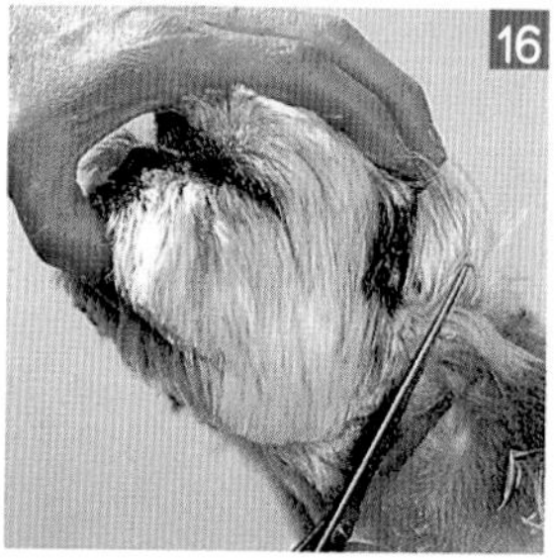

將耳朵內外的雜毛修剪乾淨。

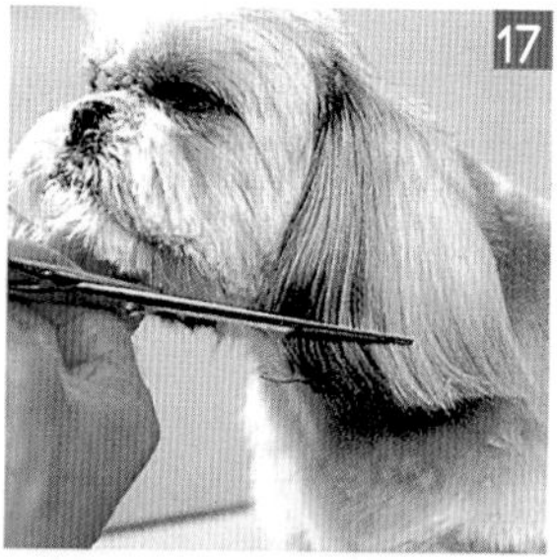

耳朵的長毛梳理整齊，再比對左右雙耳的平衡修剪長度。

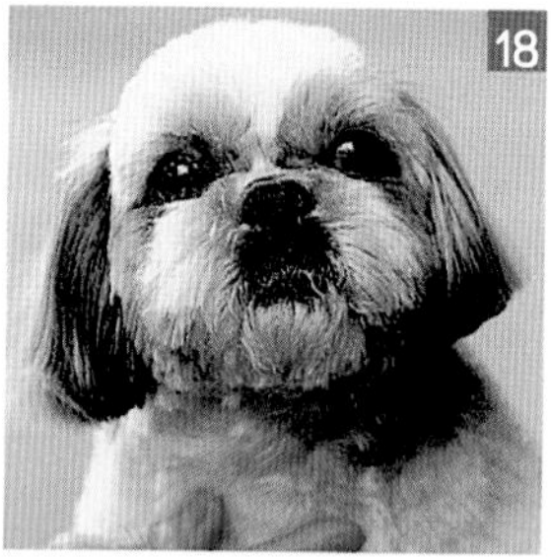

臉部修剪完畢的模樣，不整齊的部分可稍微再修剪一下。

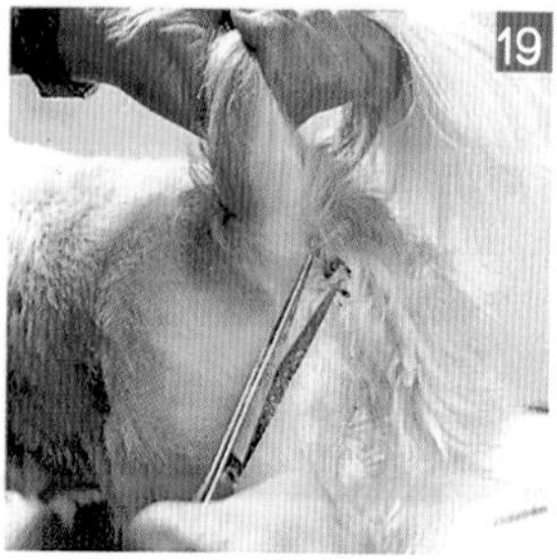

肛門四周的毛很容易髒，可舉起尾巴儘量剪短一些。

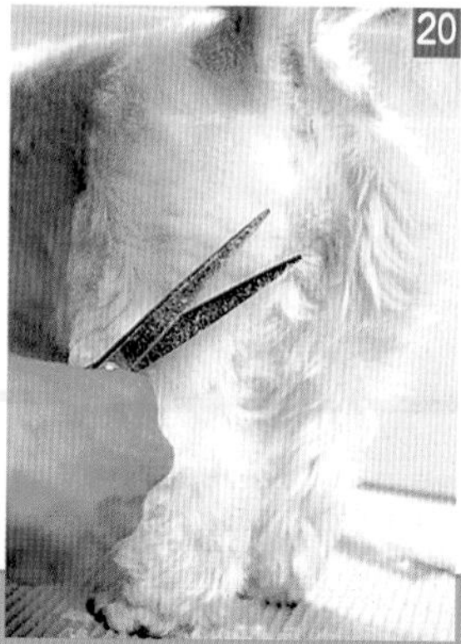

順著毛海修剪後腳的長毛，從腰部到腳部要剪出渾圓感。

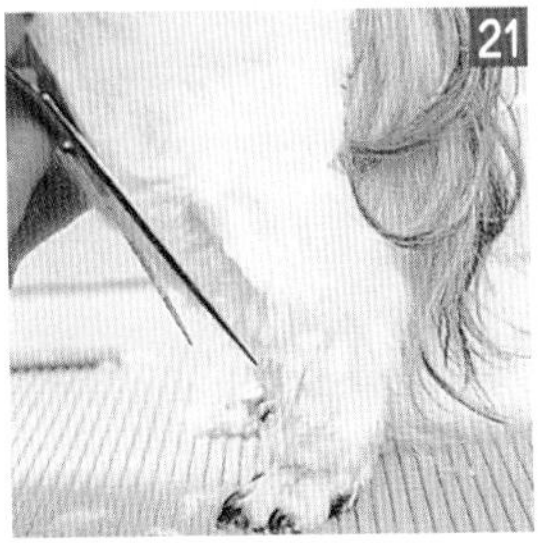

用梳子和剪刀，邊梳邊剪腳的內側，約剪兩次。

修剪時小心別用剪刀刺傷狗狗。

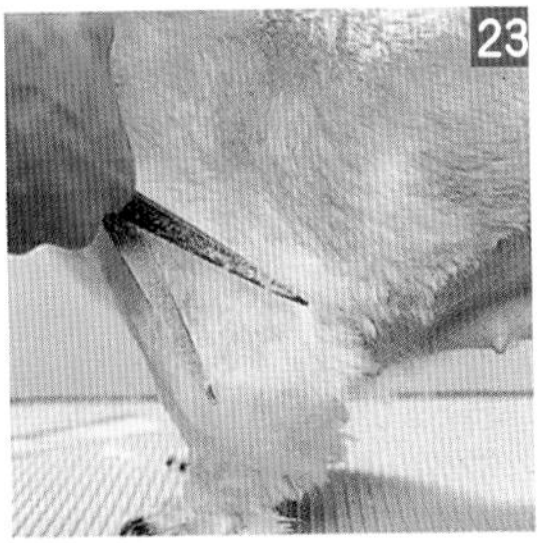

後腳的剪法和前腳一樣，要自然修出圓形的美感。

腋下容易長毛球，可剪短一些。

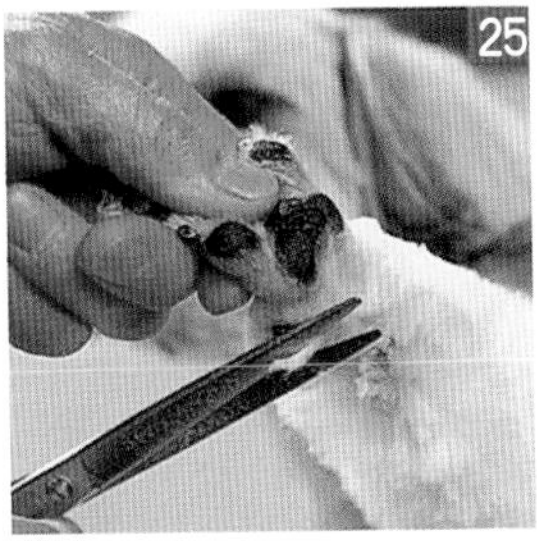

趾縫間的雜毛也要剪乾淨。

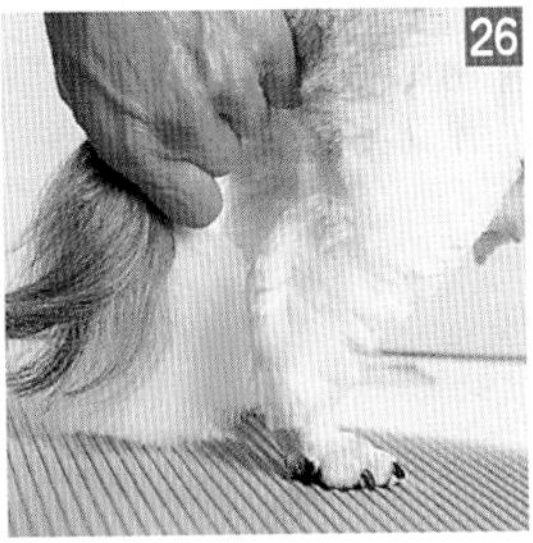

邊梳邊剪尾巴的毛，以剛好碰到地板的長度最好。

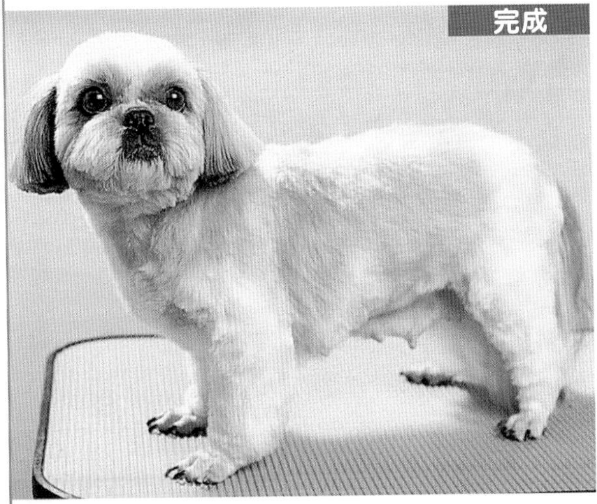

結紮

Wrapping

結紮的方法

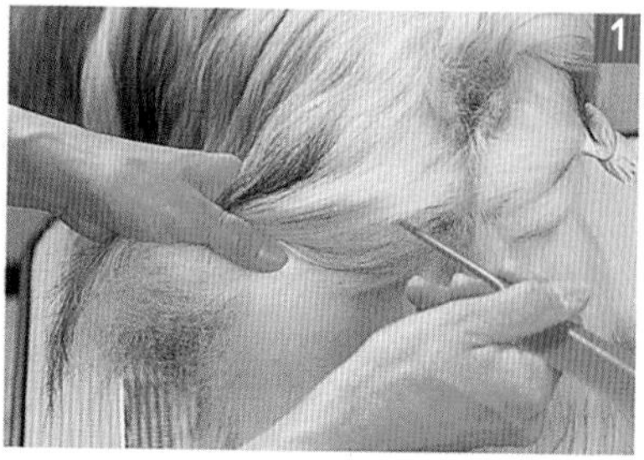

先細心地刷過毛，用梳子把狗狗的體毛分成兩邊。

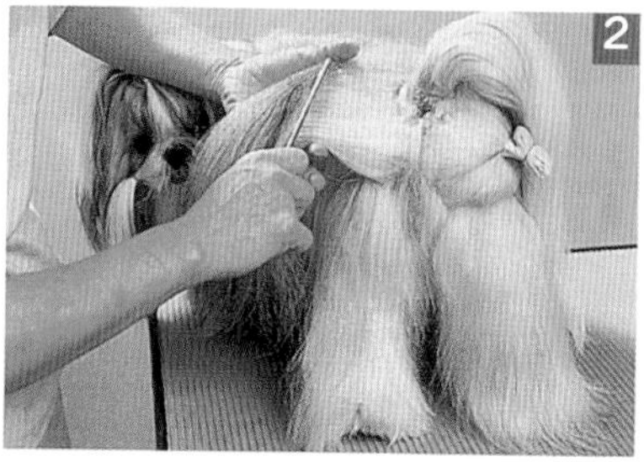

再以梳子梳開毛球，噴些髮雕會比較好梳理。

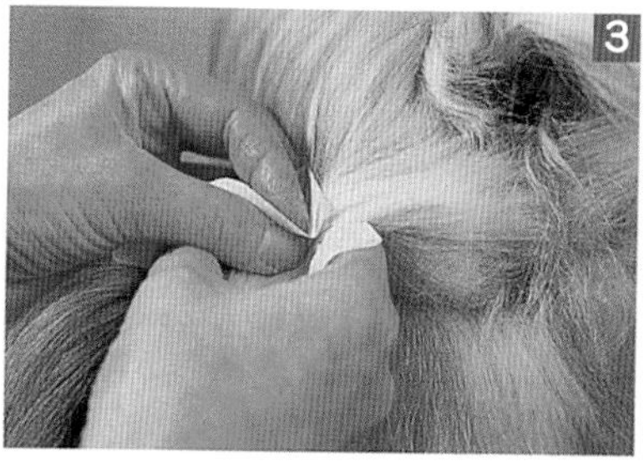

先將尾巴四周的毛梳整齊，抓出一小撮，用美容紙捲起來。

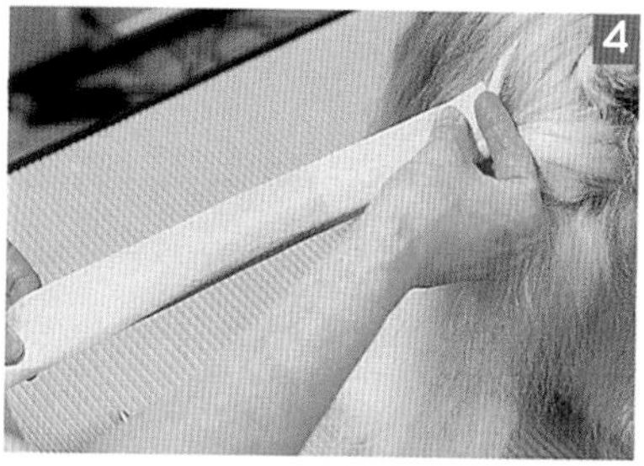

全部的毛都要裹上美容紙，避免參差不齊。

犬展用犬需要結紮

西施犬的皮毛由裡層毛與表層毛兩種毛構成，必須定期保養照顧，才能維持美麗的外表。但因爲牠的毛質偏硬且韌，採用寵物剪法比較好整理。

如果採用犬展剪法的話，一定要定期整理，否則牠的皮毛很容易弄髒、斷裂或糾結在一起。如此一來，反而破壞狗狗一身美麗的皮毛。所以，飼主要經常幫狗狗修剪、結紮，讓牠維持在最佳狀態參加犬展。

結紮的注意事項

幫狗狗結紮有兩個目的；一是爲了保護身體的皮毛，另一是避免瀏海跑到眼睛裡面，

一身長毛的西施犬，需要結紮保護美麗的皮毛。

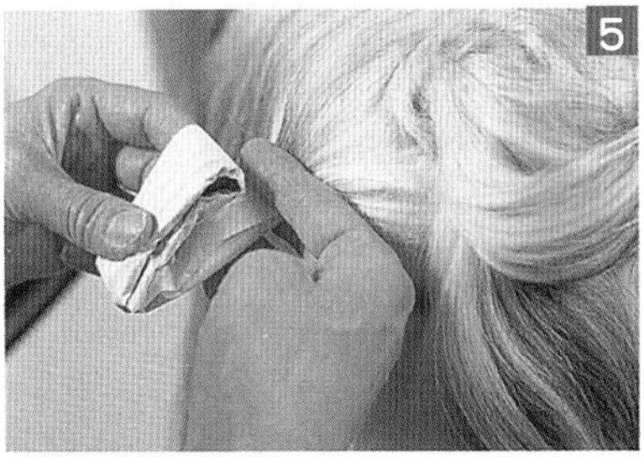

將美容紙對摺於末端，再對摺一次。

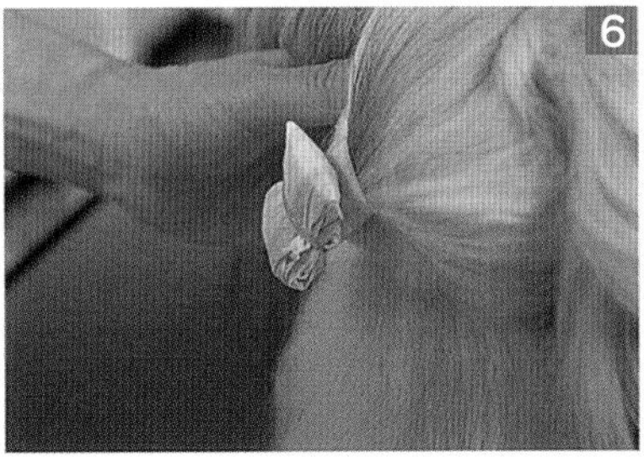

用橡皮筋繫緊美容紙即可。

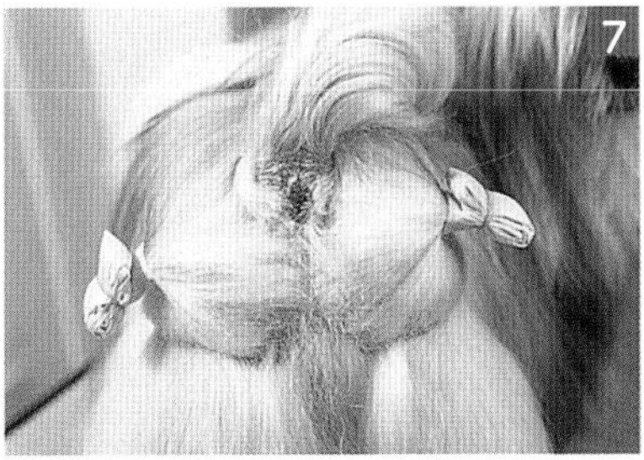

屁股的另一側也如法炮製，輕輕拉一拉確定綁好了。

依相同順序綁臉部（包括頭、鬚、瀏海、耳朵）、四肢（各綁3、4個）和身體（一邊綁3個）。

並維持嘴巴或肛門周遭的清潔。

不論哪種目的，結紮的方法都一樣；像臉部的毛容易因喝水或吃飯弄髒了，最好1天綁一次比較衛生。

至於美容紙或橡皮筋，可向寵物店或專賣店洽購。

如何去除頑強的污垢

散步回家的狗狗，腳底容易沾到柏油或口香糖等頑強的污垢，必須使用揮發油等化學藥品加以去除。

首先用這類化學藥品充分擦拭骯髒的部位，再撒上痱子粉等粉狀物，耐心地用梳子梳乾淨。萬一未及早處理，等它硬掉了，只好把毛連根剪掉了。

橡皮筋的使用方法

臉部四周

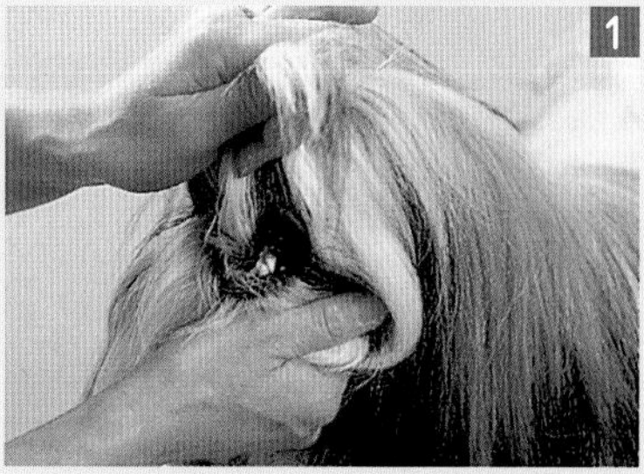

臉部的毛比較短，只綁橡皮筋即可；先梳整齊再分線。

用橡皮筋綁好，小心不要綁到下唇的毛，以免狗狗的嘴巴打不開。

依相同順序綁瀏海，再跟頭部的毛綁成一束。

臀部四周

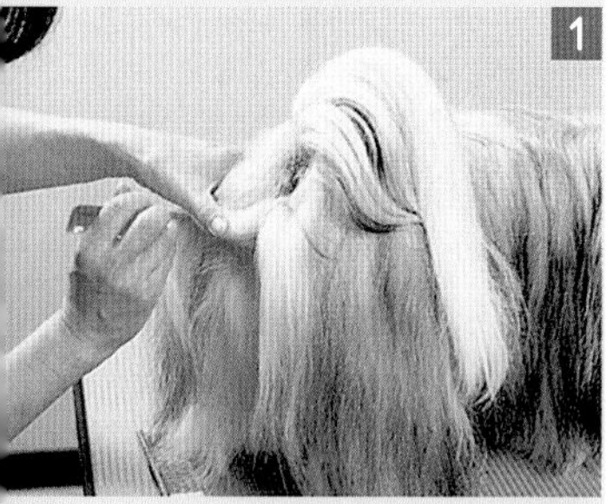

從腰骨往下梳，尾巴旁邊的毛綁成一束。

不用美容紙時，單用橡皮筋紮好，也可避免吃飯或排泄時弄髒皮毛。

完成

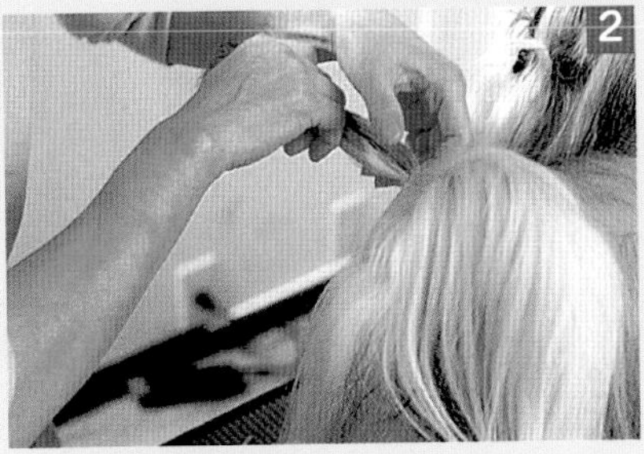

小心地用橡皮筋綁好。

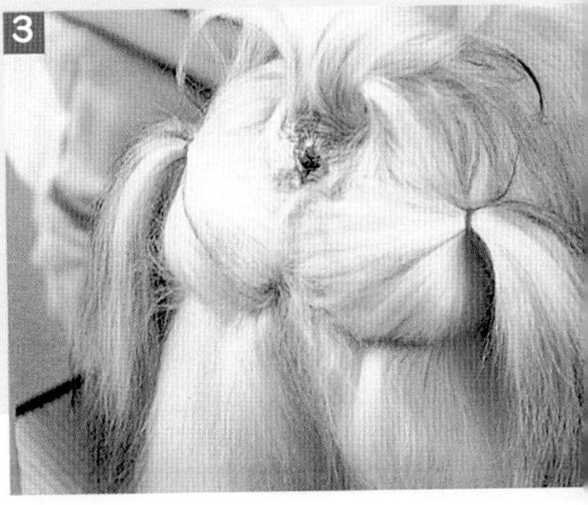

依相同順序綁另一側。

解開橡皮筋的方法

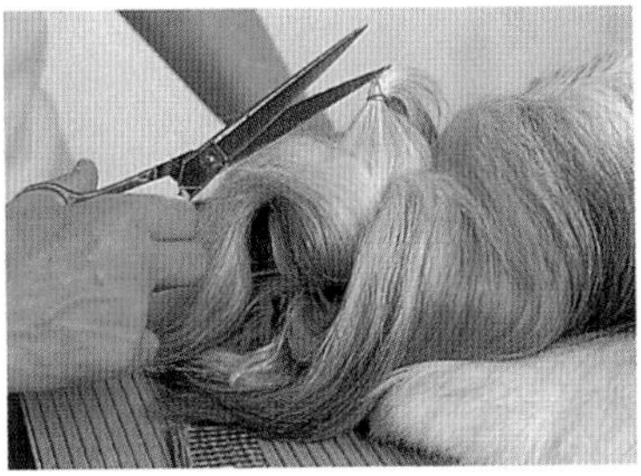

用剪刀解開，可避免用手使毛海打結。

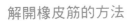

如果你希望狗狗生小狗的話…

純血種的繁殖

飼主有意讓愛犬繁殖幼犬時，要了解不僅是這一代，它對後代子孫仍有重大的影響。

若只是爲了獲得可愛的幼犬，就任意交配、繁殖的話，可能會破壞狗狗的純正血統。除了外型和姿態外，個性和毛色在遺傳上也扮演重要的角色。

爲了讓狗狗具備的優點傳衍於後世，一定要慎選交配的對象。

發情與生理特徵

西施犬大約七個月大以後，進入第一次的發情期。

爾後約以六個月爲一週期，出現發情的特徵，且發情中的狗狗可以互相交配。母狗第一次發情即具有繁殖能力，但事實上，這時牠的身心都尚未成熟，無法好好負起育兒的重責，最好等到第二次發情期以後再交配。之後直到五、六歲左右，都是狗狗適合懷孕、生產和育兒的時期。

母狗一到了發情期，會出現許多徵兆；除了食慾增加、排尿次數增多、體毛變的更有光澤以外，還有局部充血，比以前更會撒嬌等現象。

再者，母狗會分泌帶血的黏液3～4天後，持續出血2週左右，這時期正好是母狗的排卵日，也是最容易受精的時期。所以，儘量不要讓家裡的小朋友接近母狗。

至於公狗只要性徵成熟，隨時都可以交配。

母狗發情的徵兆

喜歡跟人撒嬌　排尿次數增多　體毛更具光澤　食慾增加

如果想讓愛犬生小狗的話，事先必須擬定周詳的繁殖計畫。

慎選交配的對象

有意讓愛犬繁殖時，首先要幫牠找到合適的交配對象。一般來說，狗狗交配通常是由母狗這邊向公狗提出邀約；所以，在母狗進入發情期前，就可以尋找交配的對象。

幫狗狗找到理想的伴侶，培育優良的下一代

而身體健康且個性良好的交配對象，當然是首要之選，從遺傳方面來考量的話，這也是一定要的條件；所以，可以參考狗狗的血統證明書。

首先可從證明書上記載的狗狗祖父母或雙親，了解此血統的特質。若能了解自家母狗的血統特色，比較容易找到合適的交配對象。

飼主若想培育出更接近犬種標準的幼犬，有關狗狗雙方的特質一定要特別注意，以便找到適合的交配對象。

不過，血統證明書或雙親犬的犬展成績，只能當作參考，最終還是要親自觀察交配對象，做出正確的判斷。

初次繁殖幼犬的飼主，可向購買幼犬的原繁殖業者、寵物店或西施犬的同好，請教如何培育優良犬種，或者請對方仲介優秀的交配對象。

狗狗生產所需的費用

	內　容	費　用	備　註
交配	交配費用（1次）	6000～20,000 元左右	委託繁殖場
	與認識的狗狗交配（酬金）	3,000 元左右或送幼犬	
懷孕	動物醫院檢查費（第 1 次）	800 元左右	
	動物醫院檢查費（第 2 次）	1,500 元左右	超音波檢查、食慾、體力、乳腺等變化
生產	去動物醫院生產	5,000～10,000 元左右	產後的護理
生產之後	晶片登錄費	1,300 元（含晶片）	出生 90 天之後
	疫苗注射（第 1 次）	800 元左右	出生 55～60 天
	疫苗注射（第 2 次）	1,700 元（含萊姆症疫苗）	出生 90 天左右
	狂犬病預防注射	200 元	出生 3 個月以上

交配與懷孕

交配前的準備動作

等找到合適的交配對象後，可以著手準備交配事宜。

母狗一年的發情期只有兩次，所以，一年只有兩次懷孕的機會。一旦準備讓牠繁殖幼犬，在下個發情期來臨以前，飼主必須備妥血統證明書或健康診斷書，並完成必要的疫苗注射。

如果交配對象的飼主是繁殖業者或寵物店，必須支付交配費用；爲避免產生糾紛，有關交配費用或條件，都要事先跟對方講清楚。

交配當日的注意事項

一般來說，都是帶母狗去公狗家進行交配。

母狗於交配當日應該禁食，完成排尿及排便，適度修剪肛門周圍的長毛，再帶去公狗家。

初次交配的狗狗都很緊張，飼主要多多幫忙喔！

如果公狗家必須坐火車或飛機才能抵達，最好在交配前一天就投宿公狗家附近，讓母狗好好休息，靜待翌日的交配。

交配時，遵照公狗的飼主指示行動爲必要的禮儀，交配時間約30分鐘，但因狗狗都會緊張，飼主雙方可以邊確認交配條件或意見，花個一小時左右慢慢讓狗狗交配。

了解母狗懷孕的徵兆

當母狗交配成功後，約自交配日起一個月，就會出現懷孕的徵兆。例如，牠的食慾變差、對食物的口味改變了、不太喜歡動，甚至出現輕微的孕吐現象。

母狗於交配後15～16天左右，乳腺變得比較發達，但這也可能和人一樣爲假性懷孕，飼主要特別留意。

有些母狗於交配第30天以後，肚子會鼓起腫脹；不過如果真的懷孕的話，體重當然會增加，約自50天起，外陰部也會明顯腫脹。

這時母狗如果躺下來，我們似乎能看見胎動；用手輕輕摸，也能感受到胎兒的移動呢！

不論是懷孕、生產與育兒，事先都需要周詳的計畫。

母狗懷孕的徵兆

外陰部腫脹　　乳房鼓起　　變得安靜不愛動　　食量或口味出現變化

懷孕期約63天

母狗的懷孕期間約兩個月，前後約有3天的誤差，大概交配後63天左右即可生產。

西施犬爲室內犬，如果能利用冷氣或電暖器，讓室內的溫度保持一定，生產時應該不會有太大的問題。不過爲了愛犬著想，事前的周詳計畫仍不可或缺。

狗狗預產期一覽表　　例如：3月4日交配→5月6日生產

交配日	1月	2月	3月	4月	5月	6月	7月	8月	9月	10月	11月	12月
1	3/5	4/5	5/3	6/3	7/3	8/3	9/2	10/3	11/3	12/3	1/3	2/2
2	3/6	4/6	5/4	6/4	7/4	8/4	9/3	10/4	11/4	12/4	1/4	2/3
3	3/7	4/7	5/5	6/5	7/5	8/5	9/4	10/5	11/5	12/5	1/5	2/4
4	3/8	4/8	5/6	6/6	7/6	8/6	9/5	10/6	11/6	12/6	1/6	2/5
5	3/9	4/9	5/7	6/7	7/7	8/7	9/6	10/7	11/7	12/7	1/7	2/6
6	3/10	4/10	5/8	6/8	7/8	8/8	9/7	10/8	11/8	12/8	1/8	2/7
7	3/11	4/11	5/9	6/9	7/9	8/9	9/8	10/9	11/9	12/9	1/9	2/8
8	3/12	4/12	5/10	6/10	7/10	8/10	9/9	10/10	11/10	12/10	1/10	2/9
9	3/13	4/13	5/11	6/11	7/11	8/11	9/10	10/11	11/11	12/11	1/11	2/10
10	3/14	4/14	5/12	6/12	7/12	8/12	9/11	10/12	11/12	12/12	1/12	2/11
11	3/15	4/15	5/13	6/13	7/13	8/13	9/12	10/13	11/13	12/13	1/13	2/12
12	3/16	4/16	5/14	6/14	7/14	8/14	9/13	10/14	11/14	12/14	1/14	2/13
13	3/17	4/17	5/15	6/15	7/15	8/15	9/14	10/15	11/15	12/15	1/15	2/14
14	3/18	4/18	5/16	6/16	7/16	8/16	9/15	10/16	11/16	12/16	1/16	2/15
15	3/19	4/19	5/17	6/17	7/17	8/17	9/16	10/17	11/17	12/17	1/17	2/16
16	3/20	4/20	5/18	6/18	7/18	8/18	9/17	10/18	11/18	12/18	1/18	2/17
17	3/21	4/21	5/19	6/19	7/19	8/19	9/18	10/19	11/19	12/19	1/19	2/18
18	3/22	4/22	5/20	6/20	7/20	8/20	9/19	10/20	11/20	12/20	1/20	2/19
19	3/23	4/23	5/21	6/21	7/21	8/21	9/20	10/21	11/21	12/21	1/21	2/20
20	3/24	4/24	5/22	6/22	7/22	8/22	9/21	10/22	11/22	12/22	1/22	2/21
21	3/25	4/25	5/23	6/23	7/23	8/23	9/22	10/23	11/23	12/23	1/23	2/22
22	3/26	4/26	5/24	6/24	7/24	8/24	9/23	10/24	11/24	12/24	1/24	2/23
23	3/27	4/27	5/25	6/25	7/25	8/25	9/24	10/25	11/25	12/25	1/25	2/24
24	3/28	4/28	5/26	6/26	7/26	8/26	9/25	10/26	11/26	12/26	1/26	2/25
25	3/29	4/29	5/27	6/27	7/27	8/27	9/26	10/27	11/27	12/27	1/27	2/26
26	3/30	4/30	5/28	6/28	7/28	8/28	9/27	10/28	11/28	12/28	1/28	2/27
27	3/31	5/1	5/29	6/29	7/29	8/29	9/28	10/29	11/29	12/29	1/29	2/28
28	4/1	5/2	5/30	6/30	7/30	8/30	9/29	10/30	11/30	12/30	1/30	3/1
29	4/2		5/31	7/1	7/31	8/31	9/30	10/31	12/1	12/31	1/31	3/2
30	4/3		6/1	7/2	8/1	9/1	10/1	11/1	12/2	1/1	2/1	3/3
31	4/4		6/2		8/2		10/2	11/2		1/2		3/4

懷孕期的注意事項與生產時的準備

懷孕期間的注意事項

母狗交配後約4週左右，會出現懷孕的徵兆，可帶到動物醫院透過超音波檢查確定懷孕。懷孕期間的母狗更需要飼主細心的關心與照顧，如果能確認牠懷孕的話，往後的照顧也較容易著手。

先把狗狗的睡鋪移到安靜的地點，讓牠可以好好休息。基本上懷孕的母狗是不洗澡的，如果真的很髒，可等懷孕5～6週比較穩定時，再幫牠洗澡。

到了第6週，將狗糧換成懷孕犬專用。第7週以後，份量增加兩成；等腹部明顯隆起的第8週以後，需一天餵食三次。

懷孕期間除了狗糧和鈣片外，不需補充其他的食物；鈣片可以吃到生完兩個月。

如有異常請獸醫診治

交配後，不要撞擊或壓迫狗狗的腹部。

在懷孕8週以前，可以做些比平常還輕鬆的活動；如果狗狗不想動的話，也不要勉強牠。平常讓牠自由活動沒有關係，但若碰上其他狗狗，要避免嬉戲、跳躍或激烈的運動，當然也不要讓公狗接近牠。

在懷孕期間若出現任何異常，要馬上聯絡獸醫，接受適當的診治。

妊娠期的注意事項

在身體狀況穩定時洗澡

換成懷孕犬專用的狗糧

嚴禁激烈的運動

讓牠好好地休息

懷孕期要避免激烈的運動或散步，給狗狗一個安心生活的環境。

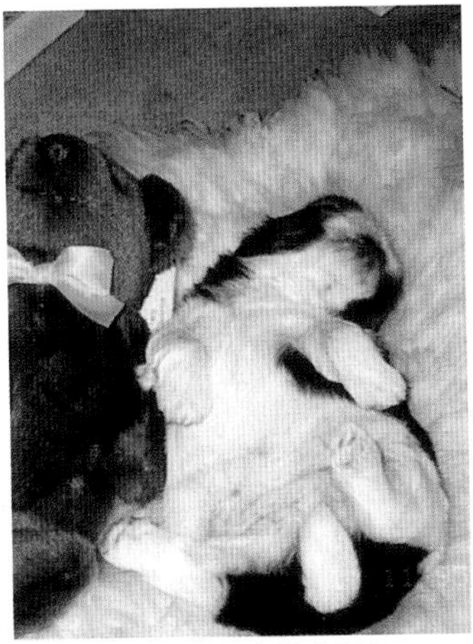
生產前就要準備好產房或產箱

生產的準備

到了懷孕後期，母狗顯得焦躁不安，頻頻用前腳抓地板或地毯，顯示動物築巢的本能反應。若打算在家生產的話，飼主必須在預產期前一週準備一個產房。

產房的地板以好擦拭、好清理的軟墊地板較適合，先鋪上浴巾，再準備數條隨時可以更換的毛巾。

接下來在產房裡設置產箱。西施犬的話，以高約50公分、長寬為60到70公分的方形產箱最適合。可利用家裡現有的厚紙箱，切個出口方便狗狗進出。

如要加裝屋頂的話，活動式屋頂比較方便打掃；如果嫌麻煩，蓋一條毛毯也可以。

產箱的底部要鋪上報紙，冬天的話，可鋪毛毯或開電暖器為幼犬保溫。

當母狗頻頻抓產箱，顯得騷動不安時，都是接近生產的預兆。

產箱的製作方法

①準備一個高約 20 cm、長寬約為 60～70 cm的方形紙箱。

②前面剪個開口，方便狗狗進出。

③再加個活動式屋頂。

④裡面鋪些碎報紙，冬天可在下面鋪條毛毯。

生產當天的注意事項

生產所需的用品

健康的母狗只要能健康地生產，不用靠獸醫，飼主也能自行在家接生。

不過，爲了讓母狗能安心地生產，所有的生產用品一定要事先準備好。

首先需要處理臍帶的棉線和剪刀；擦拭母狗或幼犬的乾淨毛巾、紗布或面紙要多準備一些。

除此之外，像量幼犬體重的磅秤、消毒剪刀用的酒精等，也都是必需品。

其他像測量母狗體溫的溫度計、記錄幼犬性別、體重、出生日期等的筆記本，也可以事先準備。

母狗馬上要生小狗了！只要事先準備充分，不要過度保護牠，配合狗狗的節奏進行吧！

自行在家接生時

狗狗的體溫大約是38．3℃，從生產的前半天開始下降；即將生產時，牠的體溫會降為37℃以下。開始生產後，除了狗狗最信賴的人以外，其他人不要接近產箱。當母狗用力時，飼主不必驚慌，在一旁輕聲安撫牠即可。

生產後的母狗需要細心的照顧喔！

即使包裹著半透明薄羊膜的幼犬已經出生，有些初次生產的母狗可能還搞不清楚狀況。這時飼主可撕開羊膜取出幼犬，在距離肚子1～2公分處，用棉線綁住臍帶，再用剪刀剪斷。確認幼犬可以順利呼吸後，用紗布或毛巾擦乾牠的身體，再抱到母狗的鼻子前面。

如果母狗想要自己咬斷幼犬的臍帶，可將幼犬的四肢和尾巴抓好，方便母狗咬斷臍帶，避免誤咬幼犬的身體。

末了要記錄幼犬的出生日期、性別和體重，擦完母狗的身體，結束生產。

萬一胎兒過大擠在產道生不下來，或胎兒進入產道時，羊膜就已經破了，母子都會發生危險，應該馬上與經常就診的獸醫聯絡。

生產後的照顧

平安生下幼犬後，母狗會舔舐幼犬的身體，促進牠初次排泄。幼犬也會開始探索母狗的乳頭吸吮乳汁，千萬不要隨便摸牠。

正值授乳期間的母狗，如果食量不大，應餵食營養價值高的食品。

新生的幼犬如何照顧？

如果母狗可以細心照顧幼犬，飼主就不必太擔心，但有些初次生產的母狗，可能無法周全地照顧幼犬。這些比其他狗狗瘦弱、生長遲緩的幼犬，如未及時照顧會變成早產狗，應該把牠們抓到母狗的身邊便於吸奶。

值得注意的疾病

眼睛的疾病

●乾性角膜炎

乾性角膜炎俗稱乾眼症。眼睛表面的透明薄膜（角膜）通常由淚水保護著，但是一些眼球露出面積大的犬種，淚水的保護作用往往不足。這種症狀長期下來，角膜表面會乾燥發炎。症狀是以角膜爲中心開始變白渾濁，眼睛越來越睜不開。接下來會形成角膜潰瘍，所以，必須持續一天點數次人工淚液，好好保護角膜的表面。

●色素性角膜炎

由於眼睫毛或眼睛周圍的毛經常跑進眼球造成刺激，或出現慢性的乾性角膜炎，使角膜表面出現黑色或褐色的色素沉澱。最終會導致眼睛的視力受損，應該趁症狀輕微時，找出原因加以治療。

●角膜潰瘍

因外傷或慢性角膜炎所引起，使角膜表面出現小洞般的症狀。如潰瘍部分與其周遭發生細菌感染的話，整個眼睛變的白色混濁，且痛感更強烈，眼睛幾乎睜不開。當角膜的小洞變深，角膜穿孔，內部液體被排出，眼壓就會下降。如此一來，污染源會深入眼睛內部，必須做緊急治療。

●青光眼

即眼睛內部的液體循環出現障礙，眼球內壓力上升的現象。這時眼球會腫大，出現劇烈疼痛。將狗狗的瞳孔打開，眼睛看似綠色，故稱爲青光眼，如不即時處理會導致失明。

●白內障

水晶體呈白濁不透明，可能是先天、遺傳、老化或糖尿病等因素造成。等到眼睛完全變白混濁，狗狗就失明了。不過，老狗的水晶體如呈現帶綠的不透明感，乃是被稱爲水晶體硬化症（老年性白內障）的正常老化現象之一。這時牠對光的穿透性變差，但不會失明。

耳朵的疾病

●外耳炎

造成外耳炎的原因很多，如耳垢、細菌感染、黴菌、耳疥蟲或過敏原等等。最初的外耳炎可能只是單一因素引起，如未及時處理，會使症狀變的很

複雜。尤其是垂耳狗，外耳內的雜毛越多，越不容易通風乾燥，所以平日一定要經常修剪雜毛。針對引起外耳炎的原因，使用的藥物也不相同。

●脂漏性外耳炎

耳垢依犬種的不同，有油性與乾性之分；但不管是哪一種，嚴重的話都會引發脂漏性外耳炎。特別是耳垢偏油分泌量又多的狗狗，很容易造成細菌感染，讓狗狗發癢，散發惡臭。再不處理，狗狗會紅腫疼痛。狗狗的外耳炎在高溫潮濕的夏季容易惡化，飼主必須用稀釋的酒精仔細清除耳垢。

呼吸器官的疾病

短鼻犬種容易出現上呼吸道阻塞性變化，其症狀可能由吵雜的呼吸聲、經常開口呼吸或巨大的打鼾聲等引起。嚴重的話，運動能力下降或呼吸急促，也可能出現黏膜變成紫色的發紺或虛脫現象。萬一狗狗症狀嚴重，呼吸停止或倒地不起的話，要把牠的舌頭拉出來，或把手指伸入牠的口中，確保牠的呼吸道暢通能繼續呼吸。

●鼻孔狹窄

一出生就鼻孔十分狹窄的狗狗，稱爲鼻孔狹窄。這種狗狗無法用鼻子順利呼吸，經常需要張口呼吸。長期下來，連氣管內側也會造成傷害，必須透過手術加寬過窄的鼻孔。

●軟顎過長症

狗狗的軟顎如幕狀垂於喉頭；如軟顎過長觸及聲門，會造成氣管阻塞；有時還會出現劇烈的打鼾聲，或興奮地倒地不起。有此症狀的狗狗要避免過胖並保持安靜，嚴重時必須動手術。

●氣管塌陷

即氣管未呈圓形，背部的幕狀部分下垂的狀態；如同氣管被擠壓一樣，呼吸不順暢。這種症狀常發生於活潑又帶點神經質的胖狗狗身上。除了先天因素外，慢性心臟病也是原因之一。不論是哪種因素，減重及保持安靜爲首要任務。不過，如症狀嚴重時必須動手術。

●咽頭喉頭狹窄

由於咽頭部、喉頭部及其周遭組織形成的壓力，無法保有足夠空間的狀態。其症狀雖因狗而異，但呼吸困難仍是主要的症狀，尤其是炎熱季節或運動期間，會使症狀更爲嚴重。這也是短鼻犬種構造上固有的疾病，而且隨著年齡增加，症狀更形惡化。

牙齒的疾病

●牙結石

如果沒有好好幫狗狗刷牙，隨著牠年齡增長，牙齒表面會積存牙垢。置之不理的話，牙齒周遭會覆滿如石頭般堅硬的牙結石。接下來，與牙結石接壤的牙齦紅腫發炎。一段時間後，牙結石侵噬牙齒根部，整顆牙齒鬆脫搖晃。到了這個地步唯有拔牙一途，所以應儘早治療。

●瘻管

即牙齒根部遭細菌感染，形成瘻管（小洞）。當瘻管出現在鼻腔時，鼻子會流出膿水；若出現在眼睛下方的皮下組織時，則形成膿瘍。

消化器官的疾病

●嘔吐

除了食道或胃部有異樣，內臟疾病、腦疾、消化管阻塞、劇痛或中毒等等，都會引發嘔吐。如果狗狗連吐數回還若無其事，飼主就不必太擔心；萬一牠吐個不停，或嘔吐次數過於密集，必須馬上找獸醫診治。不論是哪種情形，都不要讓狗狗吐太久，以免消耗過多的體力。

●下痢

下痢是腸炎的主要症狀，但即使是小腸炎或大腸炎，都有不同的下痢症狀。如小腸炎的下痢，出現奶油狀或水漾性下痢，次數偏多，使身體急遽衰弱。但是大腸炎的下痢，

卻混合著血液或黏液，次數較少且便便較硬。引起腸炎的原因很多，嚴重時要儘早求醫。

母狗特有的疾病

●子宮內膜炎

子宮內遭細菌感染發炎，嚴重時子宮內部蓄膿的疾病（子宮蓄膿症）。好發於中年以上的母狗，經常舔舐外陰，有膿狀物排出爲最大的病徵，但也閉鎖型不排膿汁。一般來說，病犬會發燒，失去食慾且頻頻喝水。初期的內膜炎以內科療法即可治療；到了蓄膿的階段，就必須動手術治療了。

●乳腺腫

好發於十歲以上的母狗，摸其乳腺，可發現大小不一的腫塊。依照數據顯示，乳腺腫瘤有50％屬於良性，另有50％屬於惡性，而初次發情前即摘除卵巢的母狗，發生率相當低。

皮膚的疾病

●膿皮症

狗狗的皮膚遭細菌感染產生許多膿疱，稱爲膿皮症。像外傷、自殘、各種刺激、皮膚乾燥或潮濕、外部寄生蟲、過敏、荷爾蒙異常等，都會引起皮膚發炎。但究其原因，應該是二次細菌感染所導致。正常的皮膚表面存在著細菌，但在高溫潮濕的季節，細菌數目迅速增加，皮膚的狀況很容易惡化。所以，飼主如發現狗狗頻頻舔舐或咬自己的身體時，一定要幫牠洗澡減少細菌數。萬一洗澡無法抑制細菌數增加時，只好使用局部或全身性的抗生素療法。

●過敏性皮膚炎

由飲食引起的過敏，大多與牛奶、肉類、大豆、蛋類、小麥等食物有關。其特徵是，狗狗吃完後嘴巴、眼睛或腹部周圍，出現紅腫或如蕁麻疹般的紅色疹子，也會覺得很癢。

●異位性皮膚炎

這是一種由灰塵、皮屑、花粉、蟎蟲或吸入其他植物引發的過敏反應；最近因爲病灶與人類一樣——顏面、四肢或腹部都出現劇烈癢感，而引起注意。

●脂漏性皮膚炎

正常皮膚爲了新陳代謝，必須從皮脂腺分泌油脂；當此分泌出現異常時，稱爲皮脂漏。狗狗的皮脂腺分泌量依犬種而不同，但過多或過少都可能引起皮膚病。再者，它若與荷爾蒙有關，情況就比較複雜。如果狗狗皮毛很容易沾黏有異味，可用抗脂漏專用的洗毛精。反之，若是皮膚乾澀多皮屑的狗狗，可於沐浴後使用含有油脂的潤絲精滋潤皮毛。此外，飲食內容或季節也會影響皮膚的狀況，飼主要多加留意。

●趾間炎

狗狗四肢的腳掌肉墊，或腳趾之間，容易因爲悶熱發炎。若放任狗狗去舔或咬，這些部位就會老是濕濕的，容易感染細菌或黴菌。經常刺激的話，狗狗會又痛又癢，腳趾也會整個腫起來。所以，飼主要常幫狗狗清潔這些部位，修剪此處雜毛也是保持乾燥的妙方。

內分泌的疾病

●甲狀腺功能低下症

甲狀腺功能低下症好發於中年以上的狗狗。甲狀腺荷爾蒙與基礎的代謝有密切的關係；當甲狀腺分泌的荷爾蒙減少時，會引發各種的機能障礙。其症狀是肥胖、皮膚增生、冷感、動作遲緩畏寒、末端或腹部色素沉著、脂漏性皮膚炎等，可由血液中的甲狀腺荷爾蒙值測定是否正常。

●腎上腺功能亢進症

這是由於狗狗老化，或長期服用副腎皮質荷爾蒙（簡稱ACTH）引起的疾病。症狀是多喝多尿、腹部鼓脹或下垂、皮毛脫落、皮膚或肌肉虛弱無力等。因爲它常併發糖

尿病，要特別注意。可由血液中的可體松（一種荷爾蒙）值測定是否正常。

●糖尿病

因胰臟所分泌之胰島素不足而引起的疾病。胰島素可降低血液中的葡萄糖值（血糖值）；如果持續性血糖值過高，就會出現多喝多尿、多食、體重減輕等症狀。嚴重的話，狗狗會進入昏睡狀態，需多加注意。有時卵巢分泌的荷爾蒙，或外在因素的副腎皮質荷爾蒙，也是發病的原因。

代謝的疾病

●中暑

狗狗的皮膚幾乎沒有汗腺，熱的時候無法像人一樣流汗降低體溫，只能張著嘴哈著氣，增加呼吸的次數。但是和口吻較長的犬種比起來，這種自發性行爲容易對短鼻犬種的上呼吸道造成不良影響。當狗狗處於悶熱的環境，體溫又無法下降時，很容易引發中暑。所以，不要在炎熱的午間帶狗狗出來散步，也不要把牠留在沒有空調的房間或車內，以免發生危險。

骨骼的疾病

●椎間板突出

脊椎是由數個椎骨連結而成。在椎骨與椎骨之間，有一稱爲椎間板，擔任緩衝作用的軟骨組織。

椎間板老化以後，因柔軟度消失，或是遭受重力壓迫時，會突出於上方，稱爲椎間板突出，幾乎都發生在腰椎部位。

突出的椎間板因壓迫到脊髓神經，會讓狗狗產生程度不一的麻痺感。從走路搖搖晃晃，到下半身完全麻痺，依脊髓神經受損程度出現不同的病症。除了意外事故外，從高處往下跳，也是造成椎間板突出的原因。

狗狗必要的疫苗注射或檢查

糞便檢查

當母狗體內有寄生蟲時，這些寄生蟲傳給胎盤內的胎兒，或透過母乳傳給幼犬的機率很高。除此之外，接觸到感染動物、吃進掉落到地面的蟲卵，都有感染寄生蟲的危機。即使狗狗沒有下痢等異常症狀，還是需要一年做數次糞便檢查。

疫苗注射

●狂犬病疫苗

飼主有義務帶幼犬定期注射狂犬病疫苗，並植入寵物晶片。

●混合疫苗

目前國內有七合一等多種重要傳染病疫苗。幼犬可吸吮母狗的初乳獲得免疫力，但2～4個月期間，免疫力逐漸減弱。所以，要定期注射各種疫苗，增加對抗疾病的免疫能力。

犬心絲蟲症

由於預防工作的普及，目前罹患犬心絲蟲症的狗狗數量已大幅減少。犬心絲蟲利用帶有仔蟲的蚊子爲傳染途徑。夏天過後，到下一年春天應帶狗狗接受血液檢測，確定有無感染犬心絲蟲症。如遭感染，應妥善治療；沒有的話，只要在蚊子多的季節，每個月吃一次預防藥即可。事實上，室內犬的感染率比室外犬低，不過，居住區域不同，感染率也有差異呢！

蚤蝨類

市面上的蚤、蝨驅除劑（如項圈、噴劑、滴劑）或阻礙蟲卵或幼蟲發育的藥劑（月服一次），都可以預防這些寄生蟲。每年的梅雨季更是好發季節，要特別注意。

傳染病

犬瘟熱

病犬會發高燒、長眼屎、流鼻水、打噴嚏，失去食慾與活力，還會嘔吐、下痢，最後病毒入侵腦部，引發典型的腦炎症狀。

犬傳染性肝炎

因爲肝炎而出現發燒、嘔吐或下痢症狀；但是病症程度不一，有的幾乎沒有症狀，但也有的會突然死亡。

犬傳染性支氣管炎

持續出現打噴嚏、流鼻水或乾咳等症狀。當喉嚨或扁桃腺腫脹後，會發燒失去食慾。

犬副流行性感冒

有流鼻水、咳嗽、發燒或扁桃腺腫脹等症狀。這種病毒引發的呼吸器官疾病，會因細菌引起二次感染，造成症狀惡化。

犬鉤端螺旋體症

大致可分成三大類型，其中有一鉤端螺旋體素以人類病原菌之人畜共通傳染病而聞名。不管是哪種類型，主要症狀都會發生腎炎或肝炎，有時還會出現嘔吐、出血或嚴重的黃疸。

犬病毒性腸炎

病犬會發高燒、嘔吐、嚴重下痢，排出臭味獨特如同番茄醬的血便。如持續嘔吐、下痢的話，會嚴重脫水，也可能在短時間內死亡。

狂犬病

病犬的唾液爲感染源，病毒最後會入侵狗兒的中樞神經，以腦炎或脊髓炎爲主要症狀。這也是致死率幾乎是百分之百的可怕疾病。除了狗狗以外，這種疾病還會傳染給包括人類在內的哺乳類。

犬展

犬展有兩大目的

除了具有百年以上歷史的英國克拉夫特展，或美國的西敏斯特展以外，世界各國還有許多各具歷史的犬展。像日本的話，各式各樣的畜犬登錄團體，也會在全國各地展開不同規模的犬展。

所謂的犬展並不只是讓愛犬人士帶著自家的狗狗群聚一堂，互爭優劣而已；主要的目的有兩個，一是爲了讓大眾了解純血種犬隻的優異性，另一是表彰優秀的犬種，並提升各犬種的質感。

只要是愛犬人士，都會想要帶狗狗參加犬展吧！如果家裡的西施犬是犬展型犬，可先了解參賽的規則，讓狗狗做一次漂亮的出擊。

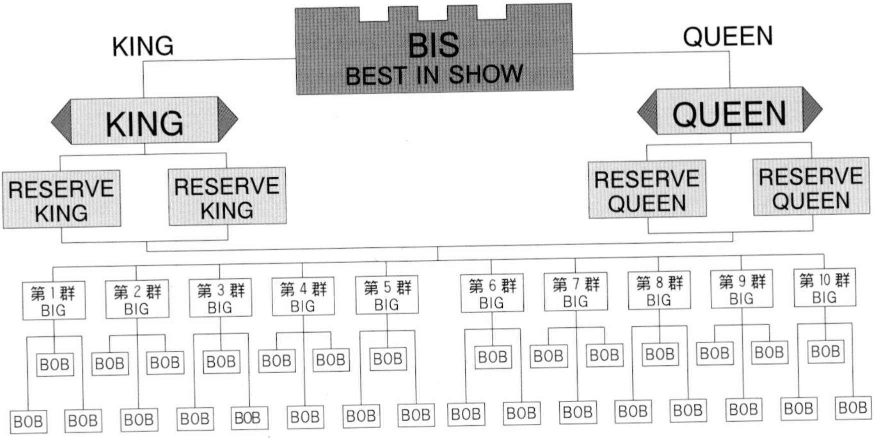

犬展的種類有很多

犬展大致分爲只有一種犬種的單犬種展，以及聚集所有犬種的全犬種展，各自的犬展目的也不盡相同。在此以西施犬登錄隻數高居日本首位的育犬協會（JKC）所舉辦，以出生6個月以上的所有公認犬種爲對象的FCI國際犬展爲例，說明審查的制度。

獲得最高榮譽BIS

審查以淘汰賽的方式進行。先將參賽的西施犬依同一犬種，公母分開競賽；再從各自的組別中各選出一隻公的和母的 Best Of Breed（BOB）。接下來，這隻西施犬再和自己同群（GROUP），屬於伴侶犬和賞玩犬的馬爾濟斯、蝴蝶犬或貴賓狗等其他犬種之BOB進行同群競賽。

這裡獲勝的狗狗成爲Best In Group（BIG）。這個BIG再與其他GROUP中的BIG們比賽，獲勝的話即成爲同性別犬中的冠軍；亦即公狗稱爲KING，母狗則稱爲QUEEN。最後，KING和QUEEN進入決賽。

決賽獲勝的狗狗成爲Best In Show（BIS），即犬展當天的最優秀犬。

個體審查和團體審查

犬展會邀請資深的審查員擔任評審，比賽分爲個體審查和團體審查。所謂的個體審查就是，讓一隻隻參賽的狗狗自然地站在審查台上，審查員從前後或旁邊觀察，或用手觸摸牠的骨架、肌肉、體毛、牙齒

審查基準的6大重點

犬展的審查員會依照以下六大重點，一一比較參展的狗狗與犬種標準的差異。

1 類型

審查員依照犬種標準，審查此犬種具有哪些特有的體型或氣質，頭部尤其是重點。

2 完美度

從精神層面與肉體層面，全面性地觀察狗狗的健康狀態。通常審查員會摸摸狗狗進行接觸審查；這時若狗狗感到畏怯或加以攻擊，或者是骨架或肌肉發育不佳，都會被扣分。

3 品質

此犬種特有的特色與品質。審查員會檢查狗狗是否充分發揮了原本的質感與魅力。

4 平衡感

即使有某部分特別突出，如果整體發展缺乏協調性，狗狗還是會被扣分。不管是肉體、性格或行動力，都應該重視。

5 狀態

主要檢查狗狗當天的健康狀態。當然最佳的狀態取決於平日適度的運動、均衡的飲食與細心的整飾皮毛。

6 展示技巧

和其他狗狗相比之下，哪部分特別突出；展示的技巧也是評分項目之一。

咬合等狀況。

這時審查員會根據此犬種所制定的犬種標準，作爲評分的標準。

走路樣態也是個體審查的一環；由指導手牽著狗狗或走或跑在三角形，或高低不一的路線上，審查狗狗走路的姿態。

接下來再和其他的狗狗排成一列前進，進行團體審查。這時指導手如何控制牽繩，掌握狗狗的行動，就非常重要了。

想讓狗狗參加犬展的話

只要你所飼養的西施犬擁有犬展所要求的優異特質，屬於犬展類犬的話，即可參加狗狗犬籍所登錄的畜犬團體舉辦的犬展。當然，前提是飼主本身必須是入會的會員，至於入會的方法可以參考一四二頁的說明。

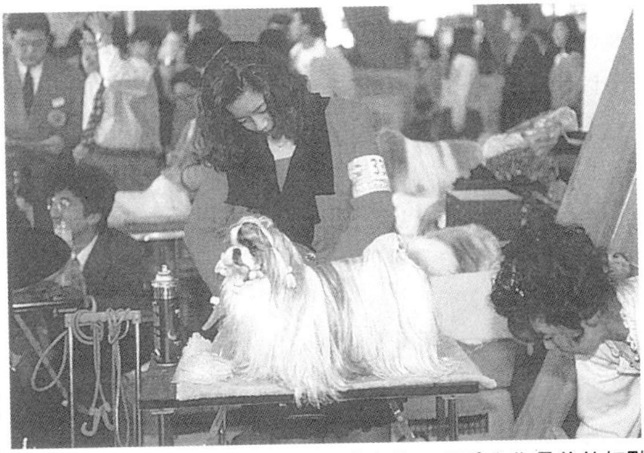
比賽之前，爲愛犬作最後的打點

加入的會員每個月都會收到會報，上面詳細刊載了近期即將舉行的犬展；如果想參加哪一場犬展，可向主辦單位索取參賽申請書。收到申請書之後，塡妥必要的事項，附上參賽的費用，一起寄給主辦單位即可。在比賽當日抵達會場報到後，即可得知狗狗出場的順序與審查的組別。

帶狗狗參加犬展，可從中獲取許多心得。如平日自己幫狗狗整理皮毛，可看書或請教別人要怎麼做，才能讓狗狗更出色，這算是參賽前的收穫吧！如果想讓狗狗表現更傑出，委由職業指導手帶出場，也是方法之一。

光是去觀摩也值回票價

光是帶狗狗實地觀摩犬展，也是一大樂趣，而且以後有意讓狗狗參展的話，可由犬展學習到的東西實在很多。

在會場你可以觀察指導手，以何種方式和狗狗溝通；進行審查時，要如何牽引狗狗表現最好的一面，這些都是參觀犬展的重大收穫呢！

在犬展現場，你還可以觀察許許多多進入初賽的西施犬，所具有的不同特色爲牠們打個分數。然後比較看看審查結果和自己的評比差多少，就可以了解一隻優秀的西施犬，應該具備哪些特質。

入會、登錄、血統證明書的申請

如果你已經成爲西施犬的新飼主，要儘快向登錄犬籍的團體辦理新所有者的名義變更。入會之後，還可以參加各種活動。

犬籍登錄及名義變更

買回純血種犬隻後，首先一定要完成新所有者的登錄及名義變更手續。

買回狗狗後取得的血統證明書上的所有者欄位，還是記載前一位所有者（如繁殖者等等）的名字。你必須將這裡變更爲自己的名字，這稱爲「名義變更」。

一般來說，血統證明書的右端會附上名義變更申請，其中的轉讓者（前所有者）欄位應該記載前一位所有者的簽名及蓋章。你可以在讓受者（新所有者）記入欄登記必要事項，加上簽名及蓋章後，連同申請的手續費寄給發行此血統書的畜犬登錄團體。

登錄團體收到血統證明書之後，會在犬籍簿記上你這位新所有者的名字，再把完成名義變更的血統證明書寄回。

當然爲了做名義變更，你必須加入這個登錄團體成爲它的會員；入會的手續與名義變更的申請可以一起處理。

入會方法與會員活動

目前在日本西施犬登錄隻數最多的畜犬登錄團體爲日本育犬協會（ＪＫＣ）。

ＪＫＣ不限於西施犬，而是受理所有公認犬種的全犬種團體。除了這個畜犬登錄團體以外，還有受理單一犬種的單犬種團體。這些團體除了保護與管理犬籍外，還負責愛犬會員間的聯誼與溝通。

只要在入會申請書寫下必要事項再蓋章，連同入會費和年費一同呈送即可。ＪＫＣ的話，不是向本部，而是跟日本

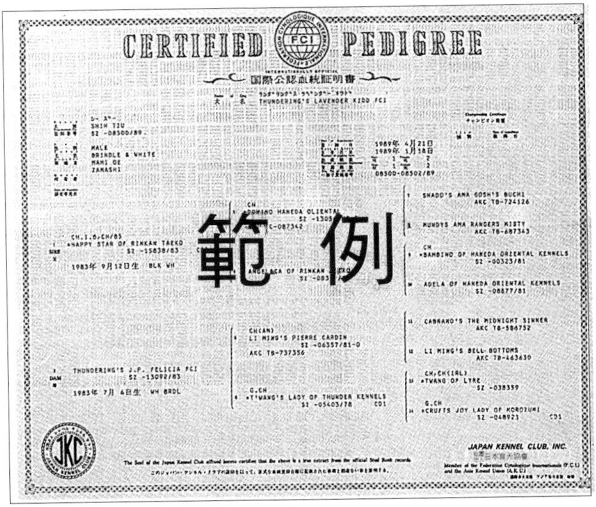
CERTIFIED PEDIGREE

國際公認血統証明書

THUNDERING'S LAVENDER KIDD FCI

SHIH TZU

MALE

BRINDLE & WHITE

範例

JAPAN KENNEL CLUB, INC.

社團法人日本育犬協會（JKC）的血統證明書。家裡的狗狗若是純血種的話，可向狗狗犬籍所登錄的團體提出申請。

各地的據點提出入會申請。

一旦成爲正式會員後，總部會發給會員證和徽章，每個月會收到專屬的會報「家庭犬」，上面會刊載許多有關犬展、訓練比賽、狗狗裝扮競賽等訊息。

血統證明書上記載哪些資料？

買回西施犬時，應取得可證明其純正血統的證明書。

一般而言，血統證明書上除了記載愛犬的犬名（不是暱稱，而是繁殖者所登錄的名字）、登錄日期、出生年月日、犬種名、登錄番號、性別、毛色、繁殖者名、所有者名、轉讓日期、有無訓練資格等有關狗狗的身家資料以外，還會記載出生時一胎所生的手足隻數、登錄隻數或登錄番號。其他大的空白欄則記載此犬之父母、祖父母等等至少三代十四隻祖先犬的名字，或者是牠們參賽的冠軍資歷。

祖先爲冠軍登錄犬，並不表示這隻狗狗一定比較優秀；不過，優良的血統的確比較容易傳承出優秀的狗狗。

再者，血統證明書的另一個重要功用是，可溯及祖先犬的血脈，得知其遺傳的傾向，有助於狗狗審慎篩選交配的對象。

國家圖書館出版品預行編目資料

西施犬教養小百科 / 大江眞實 / 監修：中島眞理 / 攝影；高淑珍 / 譯. -- 初版. -- 臺北縣新店市：世茂, 2004 [民 93]
面； 公分. --（寵物館；9）

ISBN 957-776-602-1（平裝）

1. 犬－飼養 2. 犬－訓練 3. 犬－疾病與防治

437.66 93002793

寵物館 09

西施犬教養小百科

監　　修：大江真實
攝　　影：中島真理
審　　訂：朱建光
譯　　者：高淑珍
主　　編：羅煥耿
責任編輯：王佩賢
編　　輯：陳弘毅、李玉蘭
美術編輯：林逸敏、鄧吟風

發 行 人：簡玉芬
出 版 者：世茂出版有限公司
登 記 證：局版臺省業字第 564 號
地　　址：（231）台北縣新店市民生路 19 號 5 樓
電　　話：(02)22183277
傳　　真：(02)22183239（訂書專線）
(02)22187539

劃撥帳號：19911841
戶　　名：世茂出版有限公司 單次郵購總金額未滿500元(含)，請加50元掛號費
酷 書 網：www.coolbooks.com.tw
電腦排版：辰皓國際出版製作有限公司
印 刷 廠：祥新印製企業有限公司
初版一刷：2004 年 4 月
四刷：2010 年 5 月

SHIH TZU NO KAIKATA

定　　價：200 元

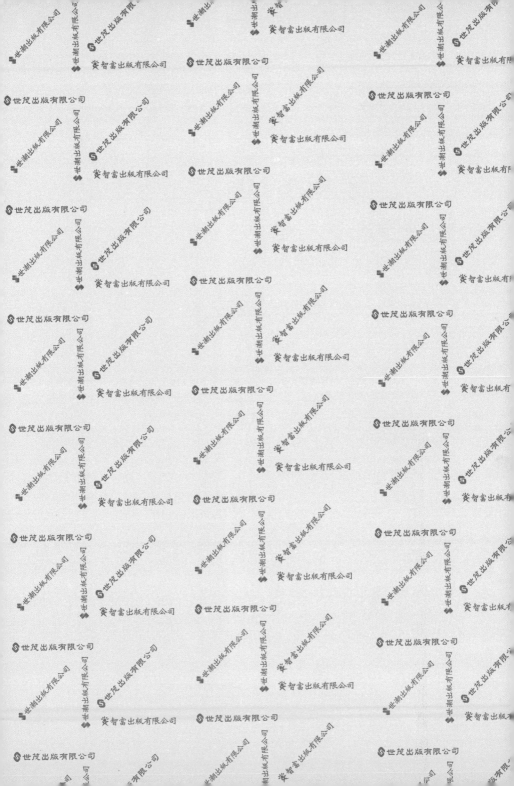